中老年人学电脑·上网篇

主　编　杨奎河

参　编　李　媚　王　向　付　冬
　　　　马红霞　孔美静　杨　露

金盾出版社

内 容 提 要

本书针对中老年人学习电脑上网的需求,以通俗易懂的语言、翔实生动的操作步骤,全面介绍了电脑上网操作的知识。主要内容包括电脑上网入门、轻松浏览网页、搜索和下载网络资源、电子邮件、用 QQ 网上聊天、在网络中的视听享受、论坛博客与微博、网络时尚生活、上网玩游戏、网上交易与购物、创造安全的上网环境等多个方面的知识。

本书内容浅显易懂,注重电脑上网操作和实际应用相结合,每一项学习内容都有详细的分解步骤,操作性很强,读者可以边学边练。本书可以作为中老年人学习电脑上网知识的参考书和培训教材。

图书在版编目(CIP)数据

中老年人学电脑.上网篇/杨奎河主编. — 北京:金盾出版社,2017.1
ISBN 978-7-5186-1081-5

Ⅰ.①中… Ⅱ.①杨… Ⅲ.①电子计算机—基本知识 ②互联网络—基本知识 Ⅳ.
①TP3

中国版本图书馆 CIP 数据核字(2016)第 266039 号

金盾出版社出版、总发行

北京太平路 5 号(地铁万寿路站往南)
邮政编码:100036 电话:68214039 83219215
传真:68276683 网址:www.jdcbs.cn
封面印刷:北京印刷一厂
正文印刷:双峰印刷装订有限公司
装订:双峰印刷装订有限公司
各地新华书店经销
开本:787×1092 1/16 印张:22.75 字数:430 千字
2017 年 1 月第 1 版第 1 次印刷
印数:1~3 000 册 定价:72.00 元
(凡购买金盾出版社的图书,如有缺页、
倒页、脱页者,本社发行部负责调换)

前　言

在当今的网络时代,互联网极大地丰富了人们的生活,越来越多的中老年人在网上聊天、娱乐或购物。互联网的魅力在于它改变了中老年人的日常生活方式,拓宽了中老年人的视野。中老年学电脑自由行丛书中的上网篇是指导中老年上网初学者快速掌握电脑上网的入门书籍,书中讲解了中老年初学者必须掌握的电脑上网的基础知识和操作方法,详细地介绍了中老年朋友在生活中利用上网可以做些什么、能够带来什么乐趣,内容贴近中老年朋友的需要,用极其生动的语言,通过详细的步骤讲解,让中老年朋友很快地掌握上网知识,在实际使用电脑上网时容易上手,并对中老年初学者在使用电脑上网时经常遇到的问题进行了详细的指导,以免初学者在起步的过程中走弯路。本书根据中老年学电脑的特点以及广大中老年上网初学者的兴趣和实际应用进行编写,以图示加详细操作步骤的方式,从开始电脑上网入门入手,介绍使用电脑上网的基本操作和方法。全书语言通俗易懂,以步骤讲解为特色,每个步骤配有相应的图片说明,将最简单的方法和最实用的技巧展现在中老年读者面前。本书内容几乎涵盖了所有中老年初学者学上网时想要知道的、迫切需要掌握的、必须掌握的所有知识点。我们希望本书能带领中老年朋友一起走进日益丰富多彩的互联网时代。

第1章　电脑上网入门,主要介绍了什么是 Internet 网,上网能干什么,有哪些常见的上网方式,如何连接 Internet 网。

第2章　轻松浏览网页,主要介绍如何使用 IE 浏览器,如何保存和打印网页中的内容,如何使用收藏夹,如何设置 IE 浏览器。通过学习本章,读者可以全面地了解 IE 浏览器的使用方法,能够利用 IE 完成基本的上网操作。

第3章　搜索和下载网络资源,主要介绍如何使用百度搜索引擎,如何下载网络上的各种资源。通过学习本章,读者可以对搜索引擎有一个初步的认识,能够利用百度提供的各项服务方便地获取各种信息,能够利用各种软件工具下载网络上的各种资源。

第4章　电子邮件,主要介绍电子邮件的相关概念、收发电子邮件、电子邮件的管理等内容。通过本章的学习,用户可以掌握以 Web 方式,与世界上任何一个角落的网络用户进行邮件联系。

第5章　用 QQ 网上聊天,主要介绍使用 QQ 进行网上聊天和使用飞信的基本操作方法。通过本章的学习,使读者能够轻松使用各种网上聊天工具。

第6章　在网络中的视听享受,主要介绍如何在网上欣赏音乐、欣赏戏曲、收看电视节目和欣赏网络影视、收听广播和评书,并介绍了网上常用的方法和工具,使老人能够快速简单地学会在网上体验视听享受。

第7章　QQ 空间、论坛、博客与微博,主要介绍 QQ 空间、论坛、博客及微博的使用。通过本章的学习,读者可了解 QQ 空间、论坛、博客和微博的概念,同时可轻松地使用各种常用的网络交流平台。

第8章　网络时尚生活,主要介绍通过网络查询日常生活信息,获取旅游信息、网上求医与保健、网上阅读等内容。通过本章的学习,读者基本能够掌握从网络获取日常生活信息的方法。

第9章　上网玩游戏,主要介绍如何在 QQ 游戏大厅和 QQ 空间中进行游戏娱乐。通过对本章的学习,可以使读者了解 QQ 游戏大厅的安装方法,掌握常见 QQ 游戏的安装和玩法,以及在 QQ 空间中 QQ 农场和 QQ 牧场的玩法等。

第10章　网上交易与购物,本章以淘宝网为例详细介绍了网上购物的操作流程和方法。通过对本章的学习,中老年朋友可以对网上购物有一个清晰的认识,了解和掌握购物前的准备工作、如何挑选所需商品以及购买商品等内容。

第11章　创造安全的上网环境,首先介绍了病毒的基本知识,然后介绍了几种常用的杀毒软件,并且详细讲解如何通过杀毒软件创建安全的上网环境,使读者掌握一些常用的电脑保养和维护的方法。

本书由杨奎河任主编,李媚、王向、付冬、马红霞、孔美静、杨露参加了本书的编写工作,姜民英、赵松杰、孟祥慧、钮时金、张铖、王彦新、马建敏、岳梦一、杨洁、褚新、赵博、张芸、蔡智明、董航为本书做了很多基础性工作,在此向他们表示诚挚的谢意。

本书内容浅显易懂,文字精练,条理清晰,讲解透彻。书中详细讲解了每一项操作内容的分解步骤,读者可以边学边练,不但可以开拓视野,而且也可以增长实际操作技能,并从中学习和总结操作的经验和规律。本书主要面向中老年朋友的初级上网用户,也适合广大电脑爱好者以及各行各业需要学习电脑上网知识的人员使用,同时也可以作为电脑上网操作培训班的培训教材或者学习辅导书。由于编者水平有限,书中错误和不妥之处在所难免,恳请广大读者提出宝贵意见。

编　者

目　录

第1章 电脑上网入门

随着科技的发展和时代的进步,上网已成为人们生活不可缺少的部分。上网并不是年轻人的专利,中老年人同样能跟上信息化时代的步伐。本章主要介绍了什么是 Internet,上网能干什么,有哪些常见的上网方式,如何连接 Internet。通过学习本章,读者可以对 Internet 和上网有一个初步了解,对宽带连接的设置有一个清晰的认识,很好地掌握 IE 浏览器的使用方法。

1.1 认识 Internet

1.1.1 什么是 Internet

1. Internet 的概念

Internet 是一个采用 TCP/IP 协议把各个国家、各个部门、各种机构的内部网络连接起来的数据通信网。Internet 传统的定义是"网络的网络",即网络互联的意思。它将许许多多各种各样的网络通过主干网络互联在一起,而不论其网络规模的大小、主机数量的多少、地理位置的异同,这些网络使用相同的通信协议和标准,彼此之间可以通信和交换数据,并且有一套完整的编址和命令系统。这些网络的互联最终构成一个统一的、可以看成是一个整体的"大网络"。通过这种互联,Internet 实现了网络资源的组合,这也是 Internet 的精华所在,也是其迅速发展的原因。

Internet 的中文标准译名为"因特网"或"国际互联网"。值得注意的是,Internet 与 internet 是两个不同的概念。Internet 专指全球最大的、开放的、使用 TCP/IP 协议的、由众多网络互联而成的网络集合体。Internet 是 Interconnect network 的缩写,是泛指的"互联网"。

2. Internet 的特点

Internet 从一开始就具有开放、自由、平等、合作和免费的特性。

(1)开放性。Internet 是开放的,可以自由连接,而且没有时间和空间的限制,没有地理上的距离概念,任何人随时随地都可加入 Internet,只要遵循规定的网络协议。同时,相对而言,在 Internet 上,任何人都可以享受创作的自由,所有的信息流动都不受限制。网络中没有所谓的最高权力机构,也没有管制。网络的运作是由使用者相互协调来决定的,网络的每个用户都是平等的,这种开放性使得网络用户不存在是与否的限制。

（2）共享性。网络用户在网络上可以随意调阅别人的网页,从中寻找自己需要的信息和资料。有的网页连接共享型数据库,可供查询的资料更多。内容提供者本意就是希望用户能够随时取阅他最新的研究成果、新产品介绍、使用说明或一些小经验。

（3）平等性。Internet 上是"不分等级"的,一台计算机与其他任何一台计算机一样好,没有哪一个人比其他人更好。无论个人、企业、组织之间也是平等的、无等级的。

（4）低廉性。Internet 从学术信息交流开始,人们已经习惯于免费使用。目前,网络上大部分内容是免费的,而且在 Internet 上有许多信息和资源也是免费的。

（5）交互性。网络的交互性是通过两个方面实现的。其一是通过网页实现实时的人机对话,这是通过在程序中预先设定访问路线超文本链接,设计者把与用户可能关心的问题和有关的内容按一定的逻辑顺序编制好,用户选择特定的图文标志后可以瞬间跳跃到感兴趣的内容或别的网页上,得到需要了解的内容。同时,设计时也可以在网页上设置通用网关程序自动采集用户数据。其二是通过电子邮件实现异步的人机对话。这方面是因为信息在网上传输异常迅速,用户可以很快得到正确反馈,而不会出现像电话那样要么没人接,要么可能是一个不是自己要找的人接电话,要么接电话的人告诉你转打别的电话等现象。Internet 恰好可以作为平等自由的信息沟通平台,信息的流动和交互是双向式的,信息沟通双方可以平等地与另一方进行交互,及时得到所需信息。

3. Internet 的历史

20 世纪 70 年代末,Internet 起源于美国国防部高级计划研究局（ARPA）主持研制的实验性军用网络 ARPANET。研制 ARPANET 的目的是想把美国各种不同的网络连接起来,建立一个覆盖全国的网络以便于研究发展计划的进行,为各地用户提供计算资源,同时能为计算机系统的用户提供多途径的访问,使计算机系统在核战争及其他灾害发生时仍能正常运转。当时连接的计算机数量较少,主要供科学家和工程师们进行计算机联网试验。这就是 Internet 的前身,在这个网络的基础上发展了互联网络通信协议的一些最基本的概念。

20 世纪 80 年代初期,TCP/IP 通信协议诞生。1983 年,当 TCP/IP 成为 ARPANET 上的标准通信协议时,标志着真正的 Internet 出现。

20 世纪 80 年代后期，ARPANET 解散。与此同时，美国国家科学基金会 (NSF)在美国政府的资助下采用 TCP/IP 协议建立了 NSFNET 网络，它的主要目的就是使用这些计算机和别的科研机构分享研究成果，围绕这个骨干网络随后又发展了一系列新的网络，它们通过骨干网节点相互传递信息。NSFNET 后来成了 Internet 的骨干网。

　　20 世纪 90 年代，商业机构的介入成为 Internet 发展的一个重要动力。随着商业机构的介入，Internet 所有权的私有化使得 Internet 开始应用于各种商业活动，成千上万的用户和网络以惊人的速度增长。Internet 的规模迅速扩大，并逐步过度为商业网络。

　　时至今日，Internet 席卷了全世界几乎所有的国家，并已成为全球规模最大、用户数最多的网络。

1.1.2　上网能做什么

　　互联网是个丰富多彩的世界，其中蕴藏着海量的信息，内容包罗万象、应有尽有，如新闻、文学、体育、健身、休闲等，您可以尽情畅游其间，充分享受网络带来的便利和快捷，为自己的晚年生活增添无限乐趣。这里且简单介绍一下。

　　(1)网上看新闻。网上新闻比报纸直观，比电视信息量大，而且更新及时。大部分综合性网站都做新闻，我们信息港也有新闻频道，较好的新闻网站还有新浪、联合早报、扬子晚报网络版等。

　　(2)网上查资料。互联网是世界上最大的图书馆。你在学习、工作、生活中遇到各种问题无法解决时，没关系，上网到各类专业网站去找答案。你只要到做搜索的网站输入你想查询的关键字，众多的相关专业网站立刻供你挑选。更妙的是网上还有各类专家的电子信箱，你只要发一封 E-mail 过去，很快就会得到回信；你还可以到相关论坛贴张贴子求救，热心的网友肯定会帮你。你想买家用电器却不知道哪种牌子好吗？你有亲人得了疑难病症要求医吗？你正处于婚孕育儿期吗？你有孩子正在上学吗？你有关于法律法规的问题要咨询吗？你想知道生活里家长里短的各种小窍门吗？互联网能帮你搞定一切。做搜索比较全面的有新浪、搜狐、网易等。

　　(3)网上炒股。网上炒股既可以看到即时行情，还可以查阅各类专家股评，更可以直接到你所购股票的上市公司网站去探听虚实。因此，网上炒股相当于把大户室搬回了家。

　　(4)网上玩游戏。相信许多朋友已经感受到网上游戏的精彩，下棋打牌、各类 MUD 游戏等，它比一般游戏更吸引人之处在于人的交流参与。你和其他玩家在网上相遇，或是对手或是同伴，你们以网上昵称相见，绝对刺激好玩。

（5）网上聊天。网上聊天似乎已成为上网的代名词。你想聊天，首先要替自己起一个醒目的网名，你可以到各大网站的聊天室去，也可以注册一个QQ号码，只要你有耐心，你肯定会找到有共同话题的网友。因为是在网上，所以你尽可以隐藏起真实的身份，你的心事尽可以向网友倾诉，不必担心在周围造成不利影响。

（6）网上听音乐看影片电视。网上有各类音乐网站和影视网站，不但全面，而且更新速度很快。你的电脑只要有好音箱、大显示器，效果不比影院效果差多少。你可以在线视听，也可以下载欣赏。

（7）网上学电脑。在网络越来越普及的今天，学电脑已经成为时代所需。在网上学电脑比任何方式学电脑都要全面方便得多，网上有众多电脑网站、各类电脑教程可供你选择，还有各类应用软件可供下载。

（8）网上购物。近年来，许多商家进入网络，为顾客提供网上购物服务。通过上网，您便可以坐在家里，在网上采购物品且享受的都是上门服务。

（9）网上订杂志。你只要到相关网站输入你的电子信箱地址，电子杂志就会定期发到你的信箱里，而且免费，这与传统中的报刊杂志相比要方便得多。

（10）享受各类网上服务。网上能提供的服务可谓丰富多彩，如通过电子信箱收发邮件、联系亲友；出行前交通航班的查询、网上订票、预定旅馆；方便省钱的网络电话；本地网站上的与你利益相关的各类资费查询等。互联网正在中国逐步普及，相信它会给我们的生活带来翻天覆地的变化。

1.1.3　常见的上网方式

1. ADSL 方式

ADSL是目前最普及的一种上网方式，大多数的家庭都是采用这种方式上网的。ADSL是一种异步传输模式。在电信服务提供商端，需要将每条开通ADSL业务的电话线路连接在数字用户线路访问多路复用器上。在用户端，用户需要使用一个ADSL终端来连接电话线路。通常的ADSL终端有一个电话Line-In，一个以太网口，有些终端集成了ADSL信号分离器，还提供一个连接的Phone接口。

2. WIFI 无线方式

WIFI全称wireless fidelity，是当今使用最广的一种无线网络传输技术。实际上就是把有线网络信号转换成无线信号，供支持其技术的相关电脑、手机、PDA等接收。

3. 光纤宽带方式

光纤宽带就是把要传送的数据由电信号转换为光信号进行通信。在光纤的两端分别都装有"光猫"进行信号转换。光纤是宽带网络中、多种传输媒介中最理想的一种，它的特点是传输容量大、传输质量好、损耗小、中继距离长等。

4. 通过有线电视上网

一般来说，开通有线电视宽带都必须开通有线电视业务，就好像用电信的ADSL宽带业务就必须开通一部电话一个道理，宽带业务属于有线电视运营商的增值业务，有线电视是基础业务。

1.2　使用 ADSL 上网

使用 ADSL 上网同其他上网方式一样，也需要进行相应的软硬件设置。硬件设置在安装网络时由网络公司安装，下面介绍连接到互联网的软件设置。

1.2.1　Windows7 的网络设置

在 Windows7 中连接互联网，首先要建立连接，其操作步骤如下。单击【开始】菜单，找到【控制面板】选项，如图 1-1 所示。

单击打开【控制面板】，选择【网络和共享中心】，如图 1-2 所示。

单击打开【网络和共享中心】，可以看到 Windows7 对网络进行设置的界面，如图 1-3 所示。

图 1-1　选择【控制面板】选项

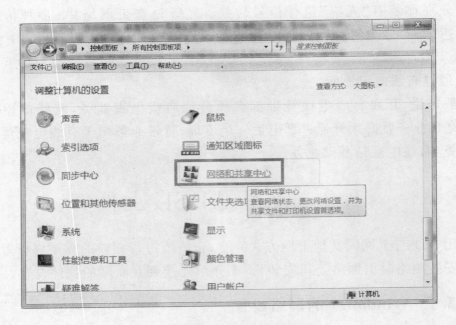

图 1-2　选择【网络和共享中心】选项

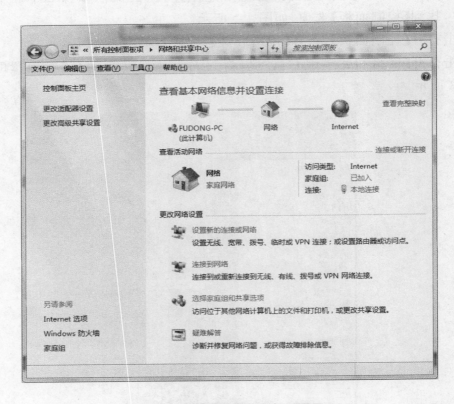

图 1-3　选择【网络和共享中心】界面

1.2.2　建立网络链接

Windows 7 的安装会自动将网络协议等配置妥当,基本不需要手工介入,因此一般情况下,只要把网线插对接口即可。

在图 1-3 中选择【设置新的连接或网络】选项,打开【设置连接或网络】界面,如图 1-4 所示。

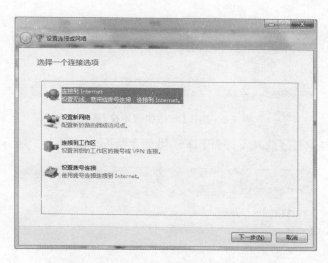

图 1-4　选择【设置连接或网络】界面

选中【连接到 Internet】选项,单击【下一步】按钮,打开【连接到 Internet】界面,如图 1-5 所示。

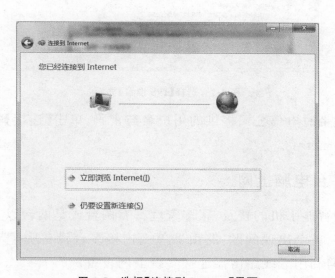

图 1-5　选择【连接到 Internet】界面

单击【仍要设置新连接】选项,打开【您想如何连接】界面,如图 1-6 所示。

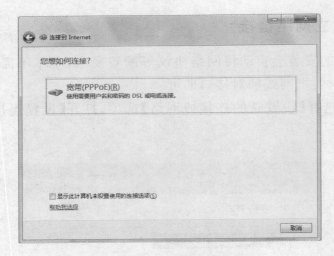

图 1-6　选择【您想如何连接】界面

单击【宽带 PPPoE】选项，打开【IPS 设置】界面，如图 1-7 所示。

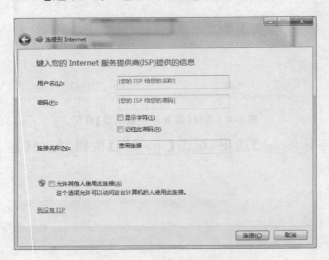

图 1-7　选择【IPS 设置】界面

输入办理宽带时电信公司提供的用户名与密码，单击【连接】按钮。这样计算机就连接上 Internet 了。

1.2.3　多台电脑上网

随着电脑和智能手机的普及，很多家庭都有两台或是两台以上需要上网的设备。在这个时候，就会出现问题：路由器怎么连接多台设备呢？下面以 ADSL 上网为例，介绍如何利用无线路由器连接多台上网设备。

1. 硬件链接

连接 ADSL 猫与路由器，如图 1-8 所示。

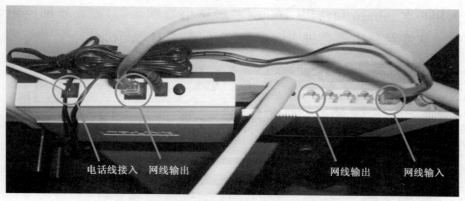

图 1-8　路由器与 ADSL 猫连接效果图

　　将电话线、电源线以及网线连接好，注意路由器的输入网线和输出网线口的颜色不一样，安装时需注意。

　　用一根网线连接电脑和路由器，如图 1-9 所示。

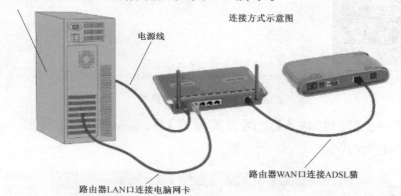

图 1-9　路由器与电脑连接效果图

2. 配置路由器

　　打开 IE 浏览器，在地址栏中输入"192.168.1.1"，单击【回车】键，进入路由器设置界面，如图 1-10 所示。

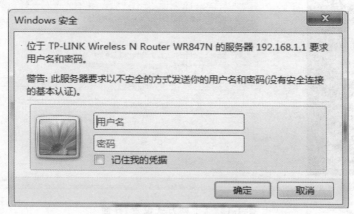

图 1-10　路由器登录界面

输入用户名 admin 和密码 admin(一般路由器默认的,需要查阅路由器的说明书),第一次登录路由器会进入向导页面,如图 1-11 所示。

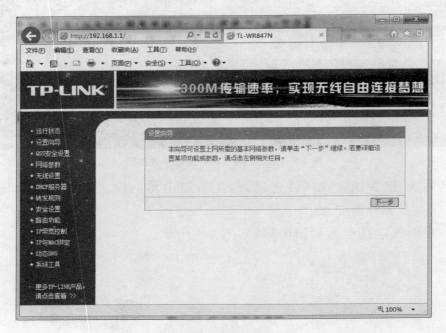

图 1-11　路由器向导界面

单击【下一步】按钮,进入【上网方式设置】界面,如图 1-12 所示。ADSL 上网都选择"PPPoE"方式。

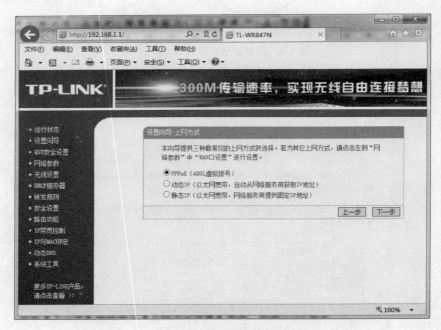

图 1-12　【上网方式设置】界面

单击【下一步】按钮，进入【上网帐号及口令设置】界面，如图 1-13 所示。在这个页面中输入电信公司提供的宽带上网的帐号和密码。

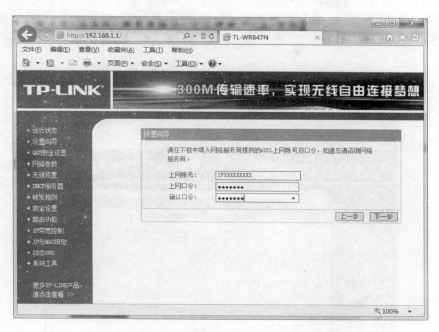

图 1-13 【上网帐号及口令设置】界面

单击【下一步】按钮，进入【无线设置】界面，如图 1-14 所示。

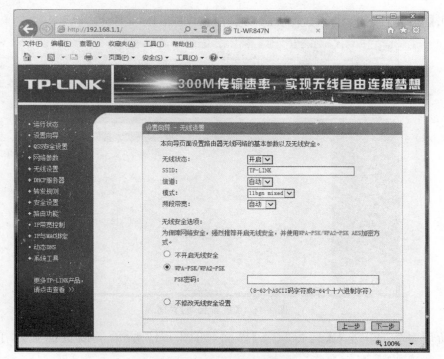

图 1-14 【无线设置】界面

　　无线状态设置成"开启",即可使用无线方式连接网络。如果要关闭无线连接,可以选择"关闭"。SSID 是显示在无线列表中的设备名称,可以随意起名字;信道设为自动;模式设置为 11bgn mixed;频段带宽设为自动;无线安全选项选择"WPA-PSK",并且输入无线登录的密码,以后使用这个密码登录无线路由器,务必记住。

　　单击【下一步】按钮,进入【设置生效】界面,如图 1-15 所示。

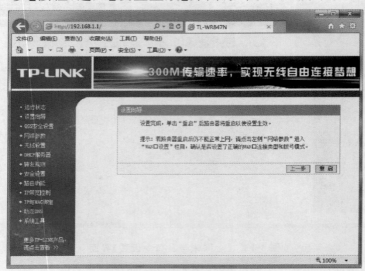

图 1-15　【设置生效】界面

　　单击【重启】按钮,进入【重新启动】界面,如图 1-16 所示。

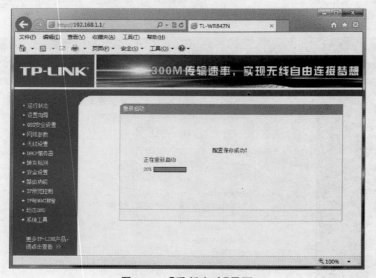

图 1-16　【重新启动】界面

　　重新启动完成,进入【运行状态】界面,如图 1-17 所示。该页面显示了当前路由器运行状态的详细信息。

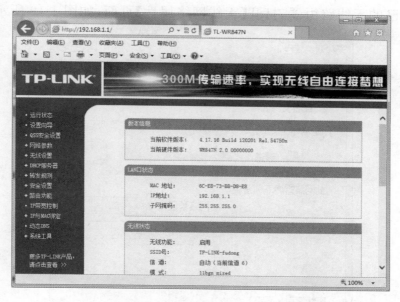

图 1-17　【运行状态】界面

3. 电脑连接路由器

（1）有线连接方式。路由器设置好以后，电脑就可以直接上网，不需要进行拨号设置。

（2）无线连接方式。打开无线网卡配置软件，如图 1-18 所示，选择【可用网络】选项卡。

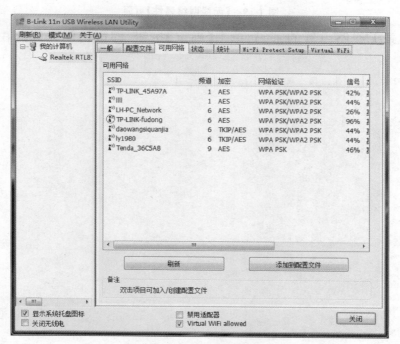

图 1-18　无线网卡配置界面

双击自己的无线路由器,打开【无线网络属性】页面,如图 1-19 所示。

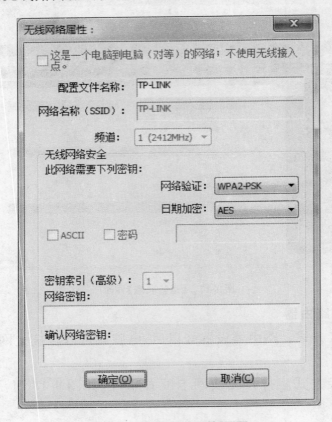

图 1-19 【无线网络属性】页面

输入登录无线路由器的密码,单击【确定】按钮,即可访问无线路由器,并连接到互联网上。

第 2 章　轻松浏览网页

随着互联网的普及,通过浏览器上网已经成为人们获取信息的主要渠道。本章主要介绍了如何使用 IE 浏览器,如何保存和打印网页中的内容,如何使用收藏夹,如何设置 IE 浏览器。通过学习本章,读者可以全面地了解 IE 浏览器的使用方法,能够利用 IE 浏览器完成基本的上网操作。

2.1　认识 IE 浏览器

Internet Explorer 简称 IE,是微软公司研发的、与 Windows 捆绑销售的浏览器产品。它是目前使用最广泛的网页浏览器之一。将计算机连入 Internet 后,即可通过 IE 浏览器访问 Internet 上的资源。Windows7 中默认安装的是 IE9,下面就介绍 IE 9 的使用。

2.1.1　启动 Internet Explorer

在计算机的桌面上找到 IE 的图标,如图 2-1 所示。

双击 IE 图标即可打开 IE 浏览器。还可以通过【开始】菜单,选择【所有程序】选项,找到【Internet Explorer】选项,如图 2-2 所示。

图 2-1　IE 图标

图 2-2　【所有程序】选项界面

单击【Internet Explorer】选项，同样可以打开 IE 浏览器，如图 2-3 所示。

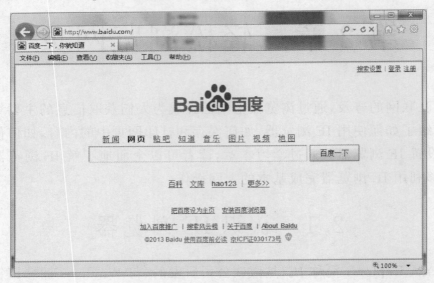

图 2-3　IE 浏览器界面

2.1.2　认识 IE 浏览器的工作界面

IE 是一个标准的 Windows 应用程序，启动后的窗口如图 2-4 所示，从上至下依次为地址栏、菜单栏、工具栏、主窗口和状态栏。

图 2-4　IE 浏览器工作界面

菜单栏：IE 的菜单栏有"文件"、"编辑"、"查看"、"收藏夹"、"工具"和"帮助"等 6 个菜单。这 6 个菜单包括了 IE 所有的操作命令，用户对 IE 的所有操作都可以在菜单栏中完成。

工具栏：IE 工具栏列出了用户在浏览 Web 页所需要的最常用的工具按钮，如"后退"、"前进"、"主页"、"打印"、"页面"、"安全"、"工具"等按钮。用户可以根据需要定义工具栏上的按钮种类和个数。

　　地址栏：用来显示用户当前所打开的 Web 页的地址，常称地址为网址。在地址栏的文本框中键入网页地址并按下【Enter】键，IE 就会打开相应的 Web 页。

　　Web 页主窗口：浏览 Web 页的主窗口显示的是 Web 页的信息，用户主要通过它来达到浏览的目的。如果 Web 页较大，可使用主窗口旁边和下边的滚动条来进行浏览。

　　状态栏：IE 的状态栏显示了 IE 当前状态的信息，用户通过状态栏可以查看到 Web 页的打开过程。

2.1.3　退出 IE 浏览器

　　单击窗口右上角的小红叉按钮可以关闭 IE 浏览器。按【Alt＋F4】快捷键也可以关闭 IE 浏览器。

2.2　使用 IE 浏览器浏览网页

2.2.1　输入网址打开网页

　　在 IE 的地址栏中输入想要访问的网址。如"http://www.sina.com.cn"，单击【回车】键，即可打开新浪的首页，如图 2-5 所示。

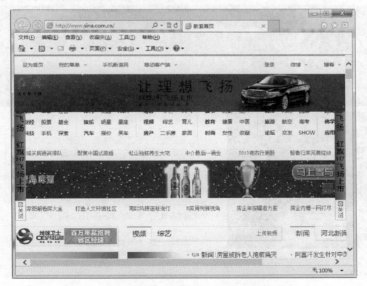

图 2-5　新浪的首页

单击页面上感兴趣的链接,如"新闻",就可以打开相应的页面,即可浏览该网页。

2.2.2 使用超级链接打开网页

超级链接以特殊编码的文本或图形的形式来实现链接,如果单击该链接,则相当于指示浏览器移至同一网页内的某个位置,或打开一个新的网页,或打开某一个新的 WWW 网站中的网页。

当鼠标移动到超级链接上时,鼠标指针会变成手的形状,如图 2-6 所示。单击鼠标浏览器就会跳转到新的页面。

图 2-6 鼠标样式

2.2.3 使用多选项卡浏览

目前的主流浏览器都支持多选项卡浏览,就是在一个浏览器窗口中打开多个网页界面,用户可以方便地在多个网页之间自由切换。

每开启一个新的网页,IE 浏览器都会增加一个新的选项卡。进入新浪的首页,如图 2-5 所示。单击页面上的任意一个链接会打开一个新的选项卡,如图 2-7 所示。

图 2-7 多选项卡界面

2.2.4 使用全屏浏览网页信息

IE 提供了全屏幕显示方式。在这种方式下，地址栏、菜单栏、工具栏、桌面图标都将被隐藏，整个屏幕空间将被浏览器独占。这样可减少页面滚动的次数，在浏览一些内容比较多的网页时很有实用价值。

在【查看】菜单中选择【全屏显示】命令，或按【F11】功能键，浏览器就进入全屏显示模式，如图 2-8 所示。

图 2-8 全屏效果界面

在全屏幕显示模式下，将鼠标移至屏幕的上方，则显示出地址栏和工具栏，可以做相应的操作。鼠标移开时，地址栏和工具栏自动隐藏。

再次按【F11】功能键，可以退出全屏模式。

2.3 保存和打印网页中的内容

2.3.1 保存整个网页

步骤 1. 如果需要保存网页中的信息，单击【文件】菜单，如图 2-9 所示。

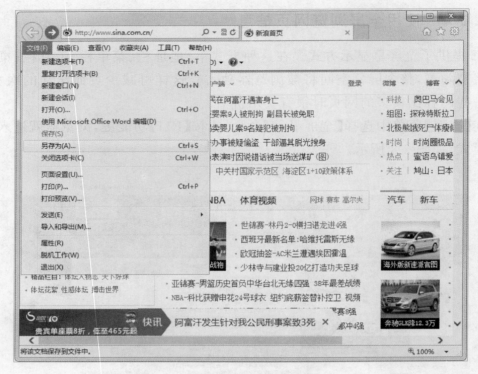

图 2-9 【文件】菜单

步骤 2. 单击【另存为】选项,打开【保存网页】窗口,如图 2-10 所示。

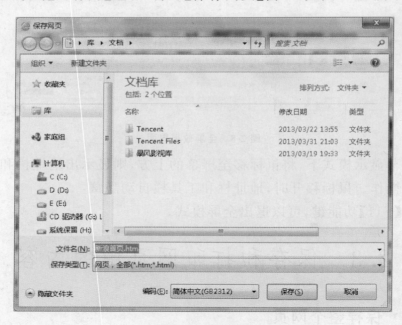

图 2-10 【保存网页】窗口

在【文件名】输入框中可以输入欲保存的文件名,如果不输入,系统会将当前网页的标题作为文件名保存。

【保存类型】输入框提供了 4 个选项,如图 2-11 所示。如果选择"网页,全部",则保存的文件除了有一个网页文件外,还有一个文件夹用于存放网页上的图片。文件夹不能删除,否则打开网页文件时就无法显示图片了。此方法能将网页上的信息全部保存,包括文字、图片、Flash 等。

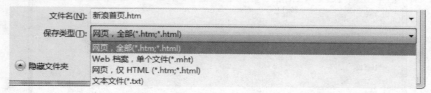

图 2-11 保存类型选项

步骤 3. 在如图 2-10 所示的【保存网页】对话框中设置好选项后,单击【保存】按钮,网页就保存到指定位置了。

网页被保存在本地磁盘后,双击保存的文件即可打开浏览。

2.3.2 保存网页中的图片

步骤 1. 在要保存的图片上单击鼠标右键,弹出右击菜单,如图 2-12 所示。

图 2-12 图片保存菜单

步骤 2. 单击【图片另存为】选项,打开【保存图片】对话框,如图 2-13 所示。选择好要保存的路径和文件名,单击【保存】按钮即可。

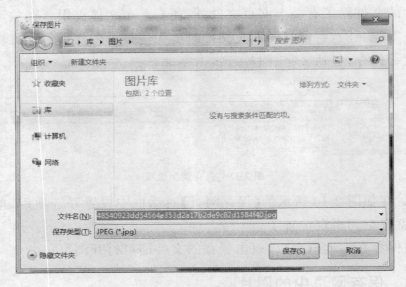

图 2-13　【保存图片】对话框

2.3.3　保存网页中的文字

浏览网页信息时,要想保存网页中的文字,可使用以下方法。

步骤 1. 用鼠标选中要保存的文字,如图 2-14 所示。

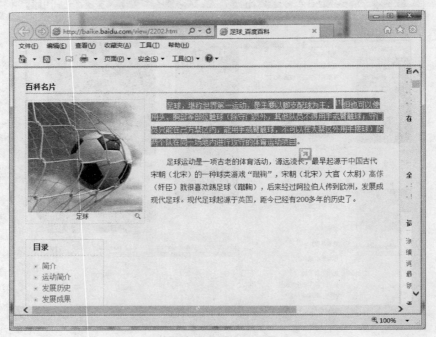

图 2-14　选中文字效果

步骤 2. 在选中文字块上右击鼠标,弹出菜单,如图 2-15 所示。

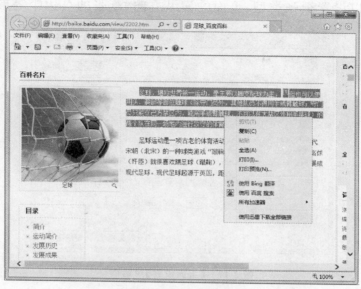

图 2-15　弹出菜单

步骤 3. 选择【复制】选项,被选中内容就会被复制到系统的剪切板中,用户可以将文字粘贴到任何可以存储文字的文件中。

此外,还可以使用【Ctrl＋C】组合键来完成文字的复制操作。

2.3.4　打印网页内容

步骤 1. 打开需要打印的页面,单击【文件】菜单,如图 2-16 所示。

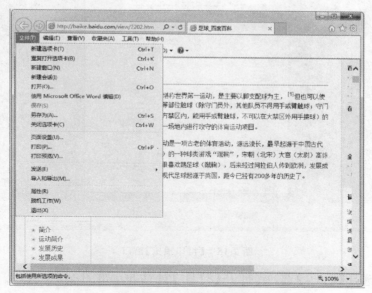

图 2-16　文件菜单效果

步骤2. 选择【页面设置】选项，打开【页面设置】对话框，如图2-17所示。在该对话框中可以设置纸张类型、页面的横纵方向、纸张的页边距等参数和属性。

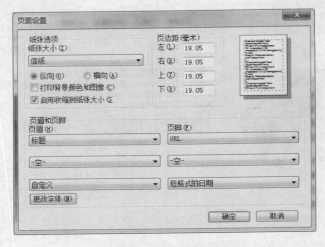

图 2-17　【页面设置】对话框

步骤3. 选择【打印预览】选项，打开【打印预览】窗口，如图2-18所示。在该窗口中可以看到当前网页的实际打印效果。

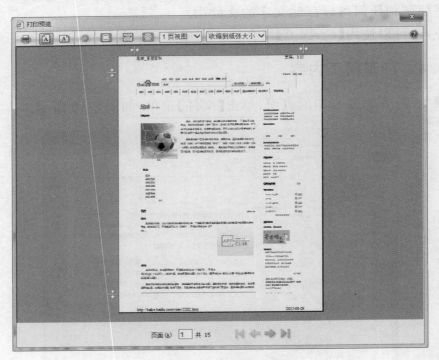

图 2-18　【打印预览】窗口

步骤4. 选择【打印】选项，打开【打印】对话框，如图2-19所示。在该对话框中可以选择打印机，设置打印的页码范围、打印的份数等参数。

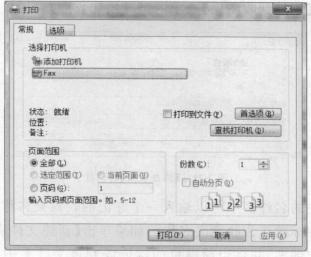

图 2-19 【打印】对话框

2.4 使用收藏夹

收藏夹是浏览器提供的一个使用工具,专门用于保存网站和网页地址,再次访问时,不必输入网址,即可直接打开。

2.4.1 将网页添加到收藏夹

浏览网页时,若想将网页保存起来,可以用以下方法将网页加入收藏夹。

步骤 1. 单击 IE 菜单栏中的【收藏夹】菜单,如图 2-20 所示。

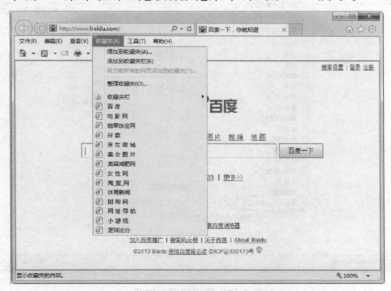

图 2-20 【收藏夹】菜单

步骤 2. 单击【添加到收藏夹】选项,打开【添加收藏】对话框,如图 2-21 所示。

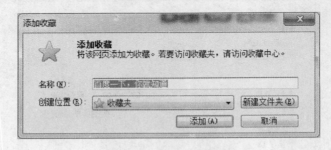

图 2-21 【添加收藏】对话框

在该对话框中的名称栏中可以输入一个好记的收藏夹名称,否则浏览器默认地会把当前网页的标题作为收藏夹名称。如果单击【新建文件夹】按钮,则会在收藏夹中创建新的文件夹,并将当前网页的网址放到该文件夹中,否则当前网页将被放置到"收藏夹"的根目录中。

步骤 3. 单击【添加】按钮,浏览器就会把当前网页的网址添加到指定的收藏夹中。

2.4.2 访问收藏的网页

想要访问以前保存在收藏夹中的网址,可以在打开 IE 浏览器后,单击【收藏夹】菜单,如图 2-22 所示。单击想要访问的网站,即可打开之前收藏的网站。

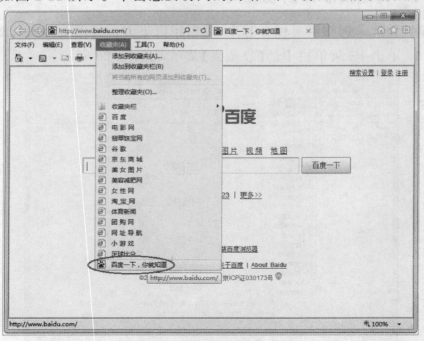

图 2-22 使用收藏夹效果

2.4.3 整理收藏夹

随着上网时间的积累,收藏夹中保存的网页信息会越来越大,此时可根据需要整理收藏夹。方法是:打开【收藏夹】菜单,单击【整理收藏夹】选项,弹出【整理收藏夹】对话框,如图 2-23 所示。

图 2-23 【整理收藏夹】对话框

在该对话框中可以新建文件夹,将收藏项在文件夹之间移动、对收藏项或文件夹重新命名、删除收藏项或文件夹。

2.5 设置 IE 浏览器

2.5.1 设置 IE 浏览器的默认主页

在启动 IE 浏览器的同时,IE 浏览器会自动打开其默认主页,通常为 Microsoft 公司的主页。其实用户也可以根据个人使用习惯,将其设置为常用的网页,其设置方法如下。

步骤 1. 启动 IE 浏览器,单击【工具】菜单,弹出下拉菜单,如图 2-24 所示。

步骤 2. 单击【Internet 选项】选项,打开【Internet 选项】对话框,选择【常规】

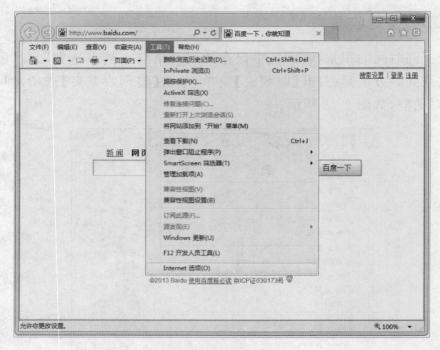

图 2-24　【工具】菜单

选项卡,如图 2-25 所示。

步骤 3. 在【主页】选项组中单击
【使用当前页】按钮,可将启动 IE 浏览
器时打开的默认主页设置为当前打开
的 Web 网页;若单击【使用默认值】按
钮,可在启动 IE 浏览器时打开默认的
主页;若单击【使用空白页】按钮,可在
启动 IE 浏览器时不打开任何网页。
用户也可以在【地址】文本框中直接输
入某 Web 网站的地址,将其设置为默
认的主页。

2.5.2　设置 IE 界面

用户可以根据自己的喜好设置
IE 浏览器的显示效果,其具体方法
如下。

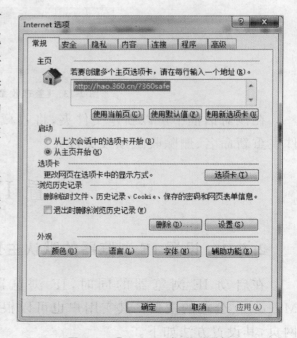

图 2-25　【Internet 选项】对话框

步骤 1. 在 IE 的标题栏上右击鼠标,弹出【界面设置】菜单,如图 2-26 所示。
步骤 2. 打勾的项目是要显示的项目,没有打勾的项目是被隐藏的项目,用户

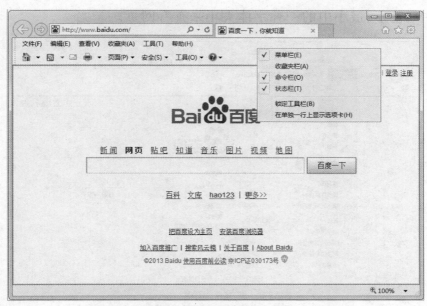

图 2-26 【界面设置】菜单

可以根据具体情况关闭某个功能项。例如,去掉【命令栏】前面的勾,效果如图 2-27 所示。

图 2-27 修改界面效果

2.5.3 改变网页的显示字体

打开网页后,有时会遇到显示文字太大或太小、看起来不方便的情况,此时就需要调整 IE 文字的大小。打开浏览器,单击【查看】菜单,将鼠标移动到【文字大小】选项上会弹出二级菜单,如图 2-28 所示。用户可以根据自己的情况选择最大、较大、中、较小、最小中的一种字体大小来查看网页。

图 2-28　【文字大小】菜单

另外一种方法是利用缩放功能来实现网页视图大小的调整。打开浏览器，单击【查看】菜单，将鼠标移动到【缩放】选项上会弹出二级菜单，如图 2-29 所示。用户

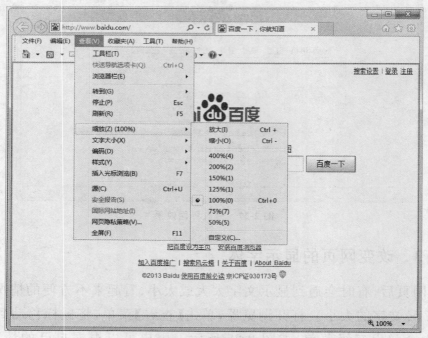

图 2-29　【缩放】菜单

可以根据自己的情况选择网页的缩放比例来查看网页,从而达到更好的观看效果。

2.5.4 清除历史记录

已经浏览过的网页会在浏览器的历史信息中保存,而且这个数据会保存很长时间,随着浏览网页数量的增加,这些历史数据也会越来越大。这些数据的堆积会不断占用系统的空间,降低系统的工作效率。

此外在上网时,为了自己不重复输入密码,往往会设置浏览器记住操作记录,历史记录迹就这样产生了。可是大量的历史记录会记载用户的隐私,如果电脑被黑客入侵或者不熟悉的人使用,就会通过历史记录暴露个人信息。所以,定期清理历史记录和删除地址栏里的地址是一件至关重要的事情。

步骤 1. 打开 IE 浏览器,单击【工具】菜单,弹出下拉菜单。单击【Internet 选项】选项,打开【Internet 选项】对话框,选择【常规】选项卡,如图 2-30 所示。

步骤 2. 单击【删除】按钮,弹出【删除浏览历史记录】对话框,如图 2-31 所示。

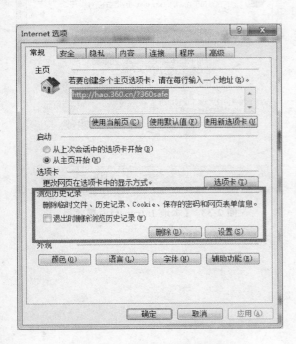

图 2-30 【浏览历史记录】效果

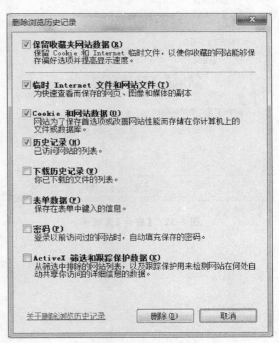

图 2-31 【删除浏览历史记录】对话框

步骤 3. 根据实际情况勾选要删除的项目,然后单击【删除】按钮,即可删除历史记录。

2.5.5 设置 IE 浏览器的安全级别

IE 浏览器中提供了对 Internet 进行安全设置的功能,用户使用它就可以对

Internet 进行一些基础的安全设置。

步骤 1. 打开 IE 浏览器,单击【工具】菜单,弹出下拉菜单。单击【Internet 选项】,打开【Internet 选项】对话框,选择【安全】选项卡,如图 2-32 所示。

步骤 2. 在该选项卡中,用户可为 Internet、本地 Intranet、受信任的站点及受限制的站点设定安全级别。

若用户要对 Internet 及本地 Intranet 设置安全级别,可选中【请为不同区域的 Web 内容指定安全级别】列表框中相应的图标,如图 2-33 所示。拖动滑块可以调整默认的安全级别。不建议一般用户使用自定义级别。

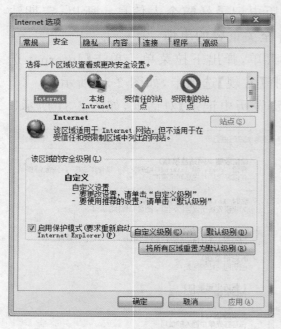

图 2-32 【安全】选项卡

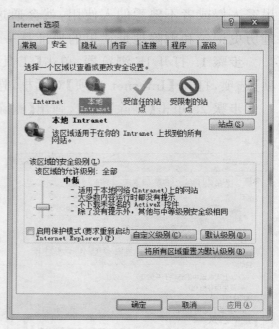

图 2-33 【本地 Intranet】设置效果

第3章 搜索和下载网络资源

随着互联网的普及,网络已经成为人们获取信息和资源的主要渠道。本章主要介绍如何使用百度搜索引擎,如何下载网络上的各种资源。通过学习本章,读者可以对搜索引擎有一个初步的认识,能够利用百度提供的各项服务方便地获取各种信息,能够利用各种软件工具下载网络的各种资源。

3.1 使用百度搜索引擎

搜索引擎是指根据一定的策略、运用特定的计算机程序从互联网上搜集信息,在对信息进行组织和处理后,为用户提供检索服务,将用户检索相关的信息展示给用户的系统。百度和谷歌等是搜索引擎的代表。

3.1.1 搜索信息

利用百度可以方便地查找感兴趣的信息,操作步骤如下。

步骤 1. 打开 IE 浏览器,在地址栏中输入"http://www.baidu.com",单击【回车】键,即可打开百度首页,如图 3-1 所示。

图 3-1 百度首页

步骤2. 默认打开【网页】选项，即通过搜索引擎查询的结果是网页上的文字信息。在文本框中输入想要检索的信息，如"电视机"，单击【百度一下】按钮，显示检索结果，如图3-2所示。

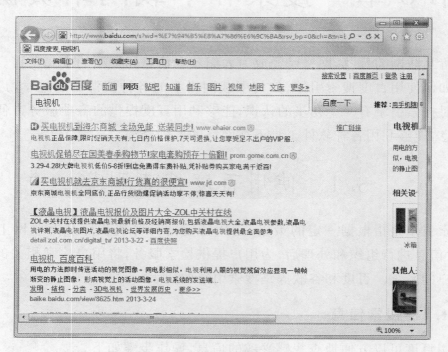

图3-2　百度搜索结果页面

步骤3. 单击检索结果中的链接，即可打开相应的网页，从而浏览相关信息。

3.1.2　百度新闻

百度新闻是目前世界上最大的中文新闻搜索平台，每天发布多条新闻。新闻源包括500多个权威网站。热点新闻由新闻源网站和媒体每天"民主投票"选出，不含任何人工编辑成分，真实反映每时每刻的新闻热点；百度新闻保留自建立以来所有日期的新闻，更助您掌握整个新闻事件的发展脉络。

步骤1. 打开百度首页，选择【新闻】选项，百度新闻会将当天的热点新闻展示在页面上，如图3-3所示。

步骤2. 在文本框中输入关心的新闻内容，如"足球"，单击【百度一下】按钮，显示检索结果，如图3-4所示。

步骤3. 单击检索结果中的相关链接，即可浏览相应的新闻内容。

3.1.3　百度知道

百度知道是用户自己根据具有针对性地提出问题，通过积分奖励机制发动其

图 3-3　百度新闻页面

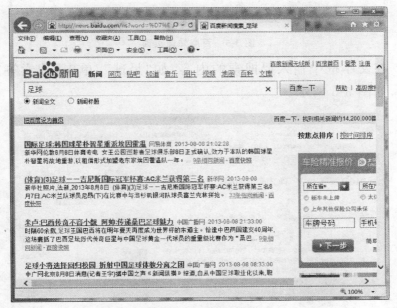

图 3-4　新闻检索页面

他用户来解决该问题的搜索模式。同时,这些问题的答案又会进一步作为搜索结果提供给其他有类似疑问的用户,达到分享知识的效果。

　　百度知道的最大特点在于和搜索引擎的完美结合,让用户所拥有的隐性知识转化成显性知识。用户既是百度知道内容的使用者,同时又是百度知道的创造者。在这里累积的知识数据可以反映到搜索结果中,通过用户和搜索引擎的相互作用,实现搜索引擎的社区化。

步骤 1. 打开百度首页,选择【知道】选项,百度知道会将当天的热门信息展示在页面上,如图 3-5 所示。

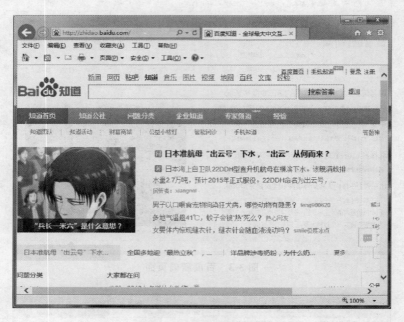

图 3-5　百度知道页面

步骤 2. 在文本框中输入要搜索的内容,如"足球",单击【搜索答案】按钮,显示检索结果,如图 3-6 所示。

图 3-6　百度知道检索页面

步骤 3. 单击检索结果中的相关链接,即可浏览其他网友的问题及答案。

3.1.4　百度音乐

百度音乐是中国第一音乐门户，为用户提供免费下载、在线播放等音乐服务。

步骤 1. 打开百度首页，选择【音乐】选项，打开百度音乐的首页，如图 3-7 所示。

图 3-7　百度音乐页面

步骤 2. 该页面上展示了热门歌曲、热门歌手以及各种排行信息，如图 3-8 所示。

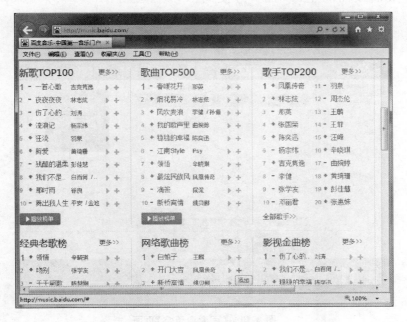

图 3-8　百度音乐排行

步骤 3. 单击感兴趣的歌曲,如"春暖花开"链接,会打开具体的歌曲页面,如图 3-9 所示。该页面介绍了歌曲的基本信息,列出了歌曲的歌词,还链接了歌曲 MTV 等,总之在这个页面中可以了解到"春暖花开"的各项信息。

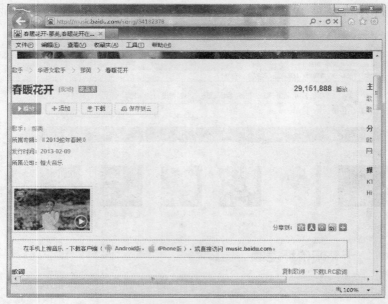

图 3-9　歌曲页面

步骤 4. 单击【播放】按钮,打开【百度音乐盒】页面,如图 3-10 所示。百度音乐盒是一款在线播放器,用户不用下载直接在页面上就可以播放歌曲。百度音乐盒提供了一般播放器的全部功能,方便简洁,易于上手。

图 3-10　【百度音乐盒】页面

步骤 5. 单击【下载】按钮,打开【下载】页面,如图 3-11 所示。用户可以根据自己的权限下载不同品质的歌曲。

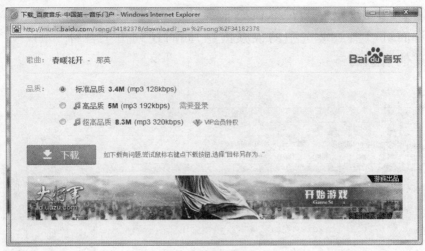

图 3-11 【下载】页面

3.1.5 百度视频

百度视频是百度汇集互联网众多在线视频播放资源而建立的庞大视频库。百度视频搜索拥有最多的中文视频资源,为用户提供最完美的观看体验。

打开百度首页,选择【视频】选项,打开百度视频的首页,如图 3-12 所示。

图 3-12 百度视频页面

百度视频提供了多种分类和多个排行信息，用户可以方便地找到自己感兴趣的视频信息。利用百度视频看电影、看电视、看娱乐节目，是网上娱乐的一个很好的方式。例如，单击"罕见 H7N9 流感来袭"链接，打开【视频播放】页面，如图 3-13 所示。该页面可以播放被选中的视频信息，同时还列出了各种与 H7N9 流感有关的视频和其他信息的链接。

图 3-13　【视频播放】页面

3.1.6　百度百科

百度百科是百度公司推出的一部内容开放、自由的网络百科全书，旨在创造一个涵盖各领域知识的中文信息收集平台。百度百科强调用户的参与和奉献精神，充分调动互联网用户的力量，汇聚上亿用户的头脑智慧，积极进行交流和分享。同时，百度百科实现与百度搜索、百度知道的结合，从不同的层次上满足了用户对信息的需求。

步骤 1. 打开百度首页，选择【百科】选项，打开百度百科的首页。该页面列出了当前最热门的一些知识词条，如图 3-14 所示。

步骤 2. 在输入框中输入要查找的知识，如"卫星"，单击【进入词条】按钮，打

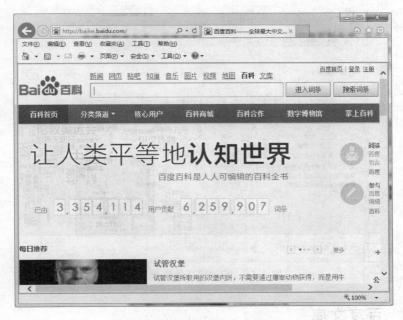

图 3-14　百度百科首页

开"卫星"词条的百科页面，如图 3-15 所示。

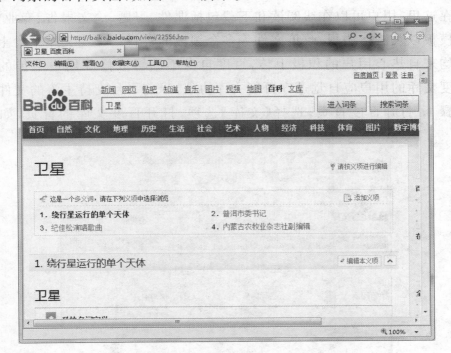

图 3-15　"卫星"词条百科页面

　　步骤 3. 向下拖拽页面，可以看到关于"卫星"的各种知识和图片，如图 3-16 所示。

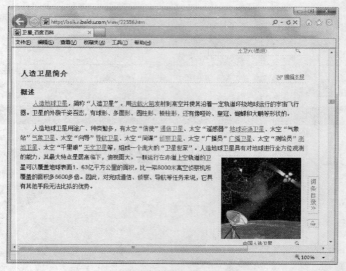

图 3-16　"卫星"具体信息页面

3.1.7　百度文库

　　百度文库是百度为网友提供的信息存储空间,是供网友在线分享文档的开放平台。在这里,用户可以在线阅读和下载包括课件、习题、论文报告、专业资料、各类公文模板以及法律法规、政策文件等多个领域的资料。百度文库平台上所累积的文档均来自热心用户的积极上传,百度自身不编辑或修改用户上传的文档内容。百度文库的用户应自觉遵守百度文库协议,当前平台支持主流的文件格式。

　　步骤 1. 打开百度首页,选择【文库】选项,打开百度文库的首页,如图 3-17 所示。

图 3-17　百度文库首页

步骤 2. 在输入框中输入要查找的文档，如"唐诗三百首全集"，单击【搜索文档】按钮，会打开搜索结果页面，如图 3-18 所示。

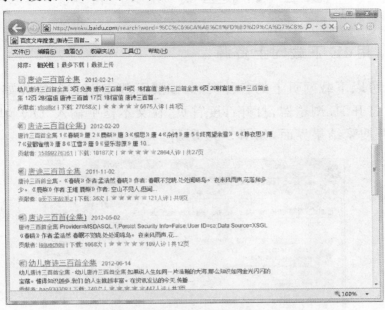

图 3-18　百度文库搜索结果页面

步骤 3. 单击一条链接，会打开该文档，如图 3-19 所示。用户可以查看文档内容，还可以下载文档到自己的计算机上。

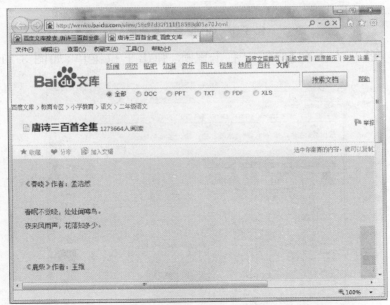

图 3-19　文档内容页面

百度提供了很多功能强大的工具，而且不断地推出新的功能，这些功能有待读者去探索和体验。

3.2　网上资源的下载

3.2.1　用 IE 下载网上资源

使用 IE 可以下载网页上的各种资源，如要下载 QQ2013，操作如下。

步骤 1. 打开 IE 浏览器，打开百度首页，在文本框中输入"QQ"，单击【百度一下】按钮，打开搜索结果界面，如图 3-20 所示。

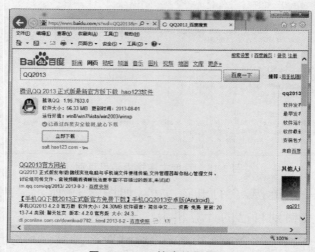

图 3-20　QQ 搜索结果界面

步骤 2. 在【官方下载】按钮上右击鼠标，弹出下拉菜单，如图 3-21 所示。

图 3-21　右击菜单界面

步骤 3. 单击【目标另存为】选项，打开【查看和跟踪下载】窗口，如图 3-22 所示。

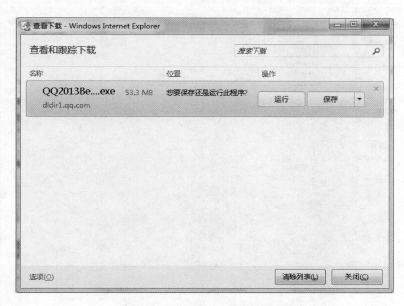

图 3-22　【查看和跟踪下载】窗口

步骤 4. 单击【保存】按钮，IE 会下载该软件。下载完成后，效果如图 3-23 所示。

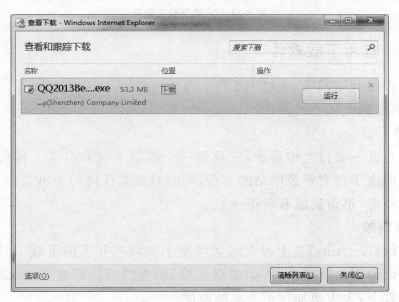

图 3-23　下载完成界面

步骤 5. 单击【运行】按钮，会运行 QQ 的安装程序。单击【下载】链接，打开 IE 的下载文件夹，如图 3-24 所示。

歌曲、电影或者其他文件下载的方法类似。

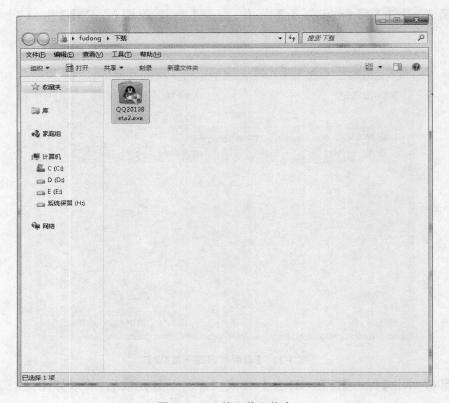

图 3-24　IE 的下载文件夹

3.2.2　常用下载软件

下载软件是利用网络,通过 HTTP、FTP 、ed2k、. torrent 等协议下载电影、软件、图片等资源到电脑上的软件。

1. 迅雷

迅雷本身并不支持上传资源,它只是一个提供下载和自主上传的工具软件。迅雷的资源取决于拥有资源网站的多少,同时只要有任何一个迅雷用户使用迅雷下载过相关资源,迅雷就能有所记录。

2. 网络蚂蚁

网络蚂蚁(NetAnts)是上海交通大学学生洪以容开发的下载工具软件,它利用了一切可以利用的技术手段,如多点连接、断点续网络蚂蚁传、计划下载等,使在现有的条件下,大大地加快了下载的速度。

3. 网际快车

网际快车(FlashGet)是一个快速下载工具。它的性能非常地好,功能多,下载速度快。全球首创的"插件扫描"功能,在下载过程中自动识别文件中可能含有的间谍程序及捆绑插件,并对用户进行有效提示。

4. 哇嘎

哇嘎(Vagaa)是一套由中国大陆公司开发、基于 eDonkey 及 BitTorrent 网络协议的点对点(P2P)软件,主要用于下载大型的电影、游戏或电视剧档案,或是网络环境比较复杂,如透过 NAT、NAPT 等协议的网接环境。

5. 比特彗星

比特彗星(BitComet)是一个完全免费的 BitTorrent(BT)下载管理软件,也称 BT 下载客户端,同时也是一个集 BT/HTTP/FTP 为一体的下载管理器。比特彗星拥有多项领先的 BT 下载技术,有边下载边播放的独有技术,也有方便自然地使用界面。最新版比特慧星又将 BT 技术应用到了普通的 HTTP/FTP 下载中,可以通过 BT 技术加速普通下载。

3.2.3　下载"迅雷"软件

步骤 1. 打开 IE 浏览器,进入百度首页,在文本框中输入"迅雷",单击【百度一下】按钮,打开搜索结果页面,如图 3-25 所示。

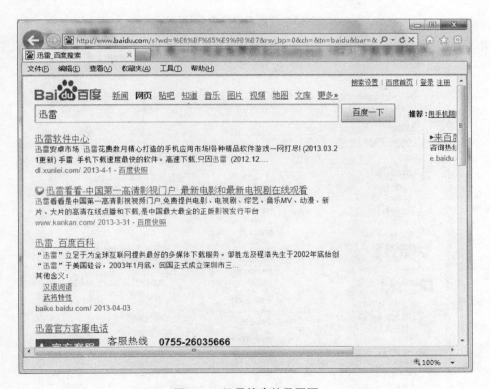

图 3-25　迅雷搜索结果页面

步骤 2. 单击【迅雷软件中心】链接,打开"迅雷产品中心"页面,如图 3-26 所示。

图 3-26　"迅雷产品中心"页面

　　步骤 3. 在"迅雷 7"后面的【下载】按钮上右击鼠标,弹出下拉菜单,如图 3-27 所示。

图 3-27　右击菜单界面

步骤 4. 单击【目标另存为】选项，下载迅雷软件。

3.2.4　安装"迅雷"软件

步骤 1. 打开"迅雷"软件下载的文件，如图 3-28 所示。

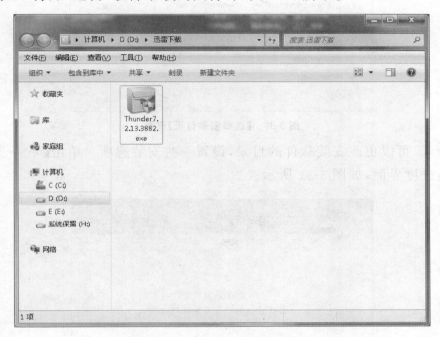

图 3-28　"迅雷"保存的文件夹

步骤 2. 双击"迅雷"安装程序图标，打开安装程序，如图 3-29 所示。

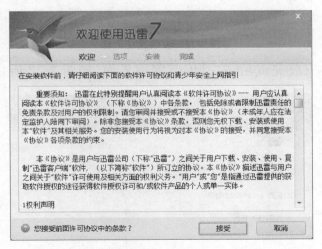

图 3-29　"迅雷"安装欢迎界面

　　步骤 3. 阅读完许可协议后单击【接受】按钮，打开【选择安装目录】界面，如图 3-30 所示。

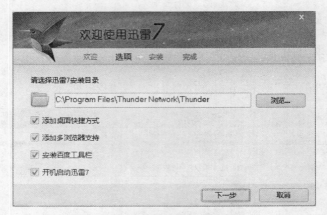

图 3-30　【选择安装目录】界面

步骤 4. 可以更改安装软件的目录,设置一些安装选项。单击【下一步】按钮,打开安装进度界面,如图 3-31 所示。

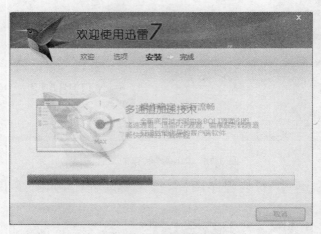

图 3-31　安装进度界面

步骤 5. 软件安装完成后,打开安装完成界面,如图 3-32 所示。

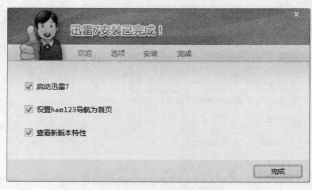

图 3-32　安装完成界面

步骤 6. 单击【完成】按钮,即可完成安装过程。

3.2.5　通过"迅雷"快速下载资源

迅雷安装好后在 IE 的右击菜单中会添加【使用迅雷下载】菜单选项，通过"迅雷"可快速下载资源。

步骤 1. 单击【使用迅雷下载】选项，会打开迅雷下载界面，如图 3-33 所示。

图 3-33　迅雷下载界面

步骤 2. 单击【立即下载】按钮，会打开迅雷程序，下载选定资源，如图 3-34 所示。

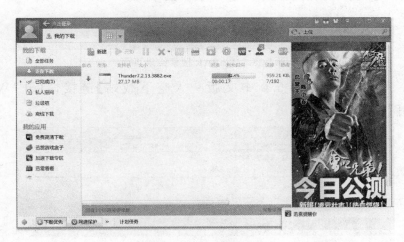

图 3-34　迅雷界面

步骤 3. 下载完成后，用户就可以到迅雷的下载文件夹中找到下载的资源文件。

3.3　压缩和解压文件

WinRAR 是一款功能强大的压缩包管理器，它是档案工具 RAR 在 Windows 环境下的图形界面。该软件可用于备份数据，缩减电子邮件附件的大小，解压缩从 Internet 上下载的 RAR、ZIP 2.0 及其他文件，并且可以新建 RAR 及 ZIP 格式的文件。

3.3.1 下载与安装 WinRAR

步骤 1. 打开 IE 浏览器，进入百度首页，在文本框中输入"WinRAR"，单击【百度一下】按钮，打开搜索结果页面，如图 3-35 所示。

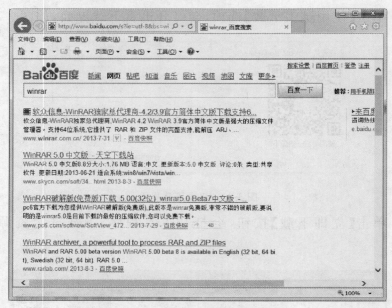

图 3-35 WinRAR 搜索结果页面

步骤 2. 单击【WinRAR 5.0 中文版 - 天空下载站】链接，打开"WinRAR 下载"页面，如图 3-36 所示。

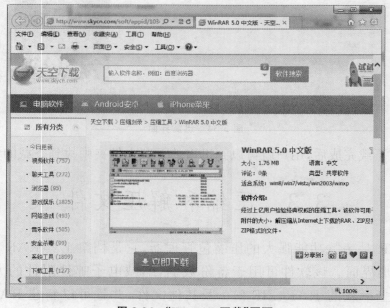

图 3-36 "WinRAR 下载"页面

步骤 3. 单击【立即下载】按钮，弹出保存文件页面，如图 3-37 所示。

图 3-37 【保存文件】页面

步骤 4. 单击【保存】按钮，WinRAR 会自动下载到电脑中。找到电脑中下载的文件，如图 3-38 所示。

图 3-38 "WinRAR"保存的文件夹

步骤 5. 双击"wrar50b5sc.exe"安装程序图标,打开安装程序,如图 3-39 所示。

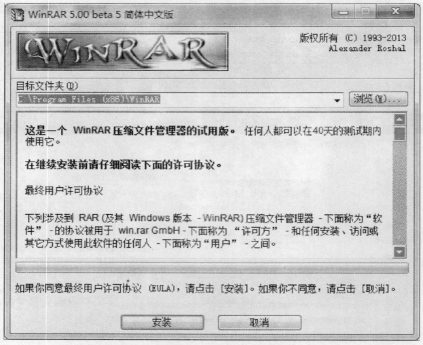

图 3-39 "WinRAR"安装欢迎界面

步骤 6. 单击【安装】按钮,安装 RAR 软件,安装完成后会出现【文件关联】界面,如图 3-40 所示。

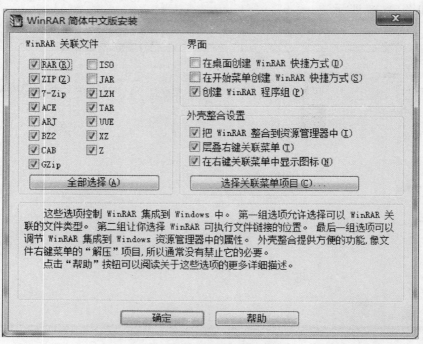

图 3-40 【文件关联】界面

步骤 7. 单击【确定】按钮,打开【安装完成】界面,如图 3-41 所示。

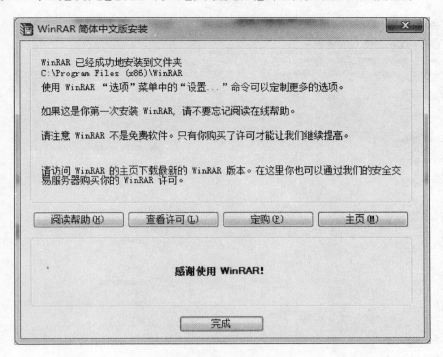

图 3-41 【安装完成】界面

步骤 8. 单击【完成】按钮,即可完成软件的安装。

3.3.2 使用 WinRAR 压缩文件

步骤 1. 找到要进行压缩的文件,如图 3-42 所示。

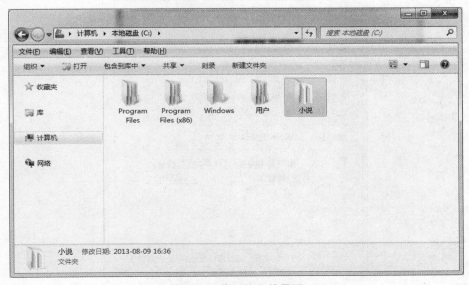

图 3-42 待压缩文件界面

步骤 2. 右击【小说】图标弹出菜单，如图 3-43 所示。

图 3-43　待压缩文件界面

　　步骤 3. 选择【属性】选项，打开【文件属性】对话框，如图 3-44 所示，可以看到这个文件夹的大小为 186MB。

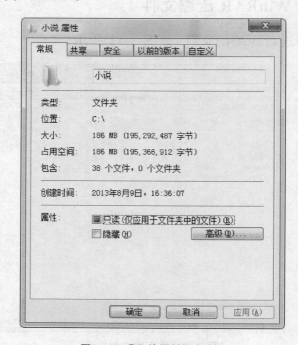

图 3-44　【文件属性】对话框

步骤 4. 右击【小说】图标，鼠标移动到【WinRAR】选项会打开二级菜单，如图 3-45 所示。

图 3-45 WinRAR 菜单界面

步骤 5. 单击【添加到"小说 rar"】选项，打开【正在压缩】界面，如图 3-46 所示。RAR 软件会对文件进行压缩。

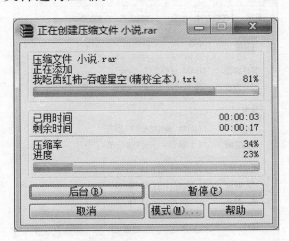

图 3-46 【正在压缩】界面

步骤 6. 当压缩完成后，原文件夹中会出现一个新的压缩包文件，如图 3-47 所示。

步骤 7. 右击【小说．rar】图标，选择【属性】选项，打开【文件属性】对话框，如图 3-48 所示，可以看到这个文件夹的大小为 77.1MB。

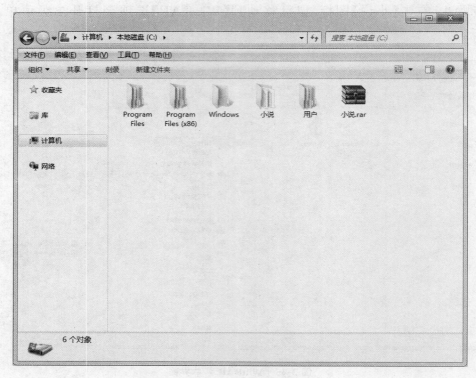

图 3-47 压缩完成界面

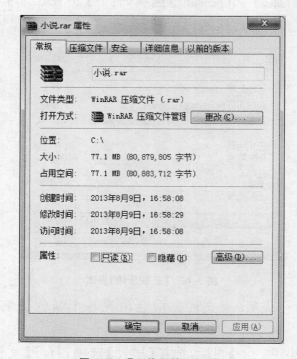

图 3-48 【文件属性】对话框

文件或文件夹经过压缩后,大小会大幅降低,更方便文件的移动和存储。压缩其他文件的方式是一样的,读者可以自行验证。

3.3.3 使用 WinRAR 解压缩文件

步骤 1. 右击选中压缩包文件,鼠标移动到【WinRAR】选项会打开二级菜单,如图 3-49 所示。

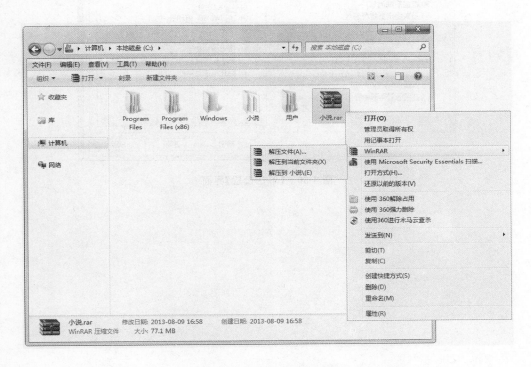

图 3-49 WinRAR 菜单界面

步骤 2. 单击【解压到当前文件夹】选项,会将压缩包中的所有文件解压到当前文件中。单击【解压到 小说\】选项,会在当前文件夹下建立名字叫"小说"的文件夹,并将压缩包中的所有文件解压到"小说"文件夹中。

步骤 3. 单击【解压文件】选项,会打开【解压设置】界面,如图 3-50 所示。

步骤 4. 用户可以自行选择解压缩文件的位置和其他高级属性。单击【确定】按钮,即可完成解压缩操作。

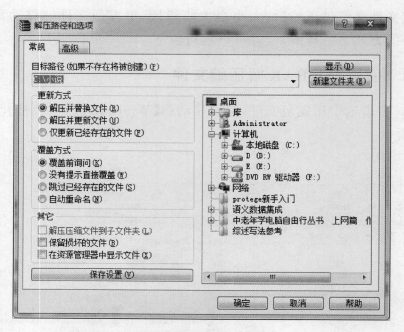

图 3-50 【解压设置】界面

第4章 电子邮件

电子邮件是一种用电子手段提供信息交换的通信方式,也是 Internet 应用最广的服务。本章主要介绍电子邮件的相关概念、收发电子邮件、电子邮件的管理以及利用电子邮件客户端软件收发电子邮件等内容。通过本章的学习,用户可以掌握以 Web 的方式,与世界上任何一个角落的网络用户进行邮件联系。

4.1 电子邮件概述

电子邮件的英文名称为 Electronic Mail,简记为 E-mail,标志为@,也被大家昵称为"伊妹儿"。

4.1.1 电子邮件的概念

1. 什么是电子邮件

电子邮件指用电子手段传送信件、单据、资料等信息的通信方法。它类似于邮局发送的信件,基本信息包括接收者和发送者的地址信息以及发送时间和主题。电子邮件系统又称基于计算机的邮件报文系统,它承担从邮件进入系统到邮件抵达目的地为止的全部处理过程。使用电子邮件系统发送邮件就像通过邮局发送信件一样,用户只需指定接收者的地址,邮件系统会按照所提供信息自动完成邮件在 Internet 上的传输。

电子邮件到达目的地后,便保存在收件人的电子邮箱内。收件人可随时随地接入因特网登录到自己的邮箱查阅电子邮件,还可以对收到的邮件进行回复或将收到的邮件转发给他人。由于邮件是存放在网络上的"邮局",所以收发邮件时不受时间、地点的限制,只需要计算机接入因特网就可以查看、发送邮件。

2. 电子邮件的优点

电子邮件与普通信件相比具有以下优点。

快速:发送电子邮件后,只需几秒钟就可通过网络传送到邮件接收人的电子邮箱中。

方便:书写、收发电子邮件都通过电脑自动完成,双方接收邮件都无时间和地点的限制。

廉价:不需要花钱就可以在网上申请一个电子邮箱用来收发邮件,而且现在的免费邮箱空间大、附件大,使用起来非常稳定,把上网的所有费用计算在内,平均发送一封电子邮件只需几分钱,比普通信件便宜。

可靠:每个电子邮箱地址都是全球唯一的,确保邮件按发件人输入的地址准确无误地发送到收件人的邮箱中。

内容丰富:电子邮件不仅可以传送文本,还可以传送声音、图像、视频等多种类型的文件。

正是由于电子邮件的使用简易、投递迅速、收费低廉、安全可靠、全球畅通无阻,使得电子邮件被广泛地应用,它使人们的交流方式得到了极大的改变。另外,电子邮件还可以进行一对多的邮件传递,即同一邮件可以一次发送给许多人。最重要的是,电子邮件是所有网络系统中直接面向人与人之间信息交流的系统,它的数据发送方和接收方都是人,所以极大地满足了大量存在的人与人通信的需求。

电子邮件综合了电话通信和邮政信件的特点,它传送信息的速度和电话一样快,又能像信件一样使收信人在接收端收到信息。电子邮件不仅可利用电话网络,而且可利用任何通信网传送。在利用电话网络时,还可利用其非高峰期间传送信息,这对于商业邮件具有特殊价值。电子邮件在新型营销环境中也发挥了中流砥柱的作用,因为传输速度快、成本低,效果好,电子邮件逐渐被营销人员当作一种强有力的营销工具。

4.1.2　电子邮件的组成

1. 电子邮件地址的构成

电子邮件地址说明了收信人的帐号名与收件服务器地址。

电子邮件的每一个地址由三部分组成:用户名、分隔符和服务器名,格式是"USER@SERVER.COM"。第一部分"USER"代表用户邮箱的帐号,邮箱帐号不能为中文,对于同一个邮件接收服务器来说,这个帐号必须是唯一的;第二部分"@"是分隔符;第三部分"SERVER.COM"代表用户邮箱的邮件接收服务器域名,用以标志其所在的位置,这个名称在互联网中也是唯一的。例如,zhang@hotmail.com 即为 Internet 上的电子邮件地址。

很多网站提供了免费的电子邮件服务,可以通过申请获得,以下是一些常用的免费邮箱注册网站的地址:www.hotmail.com,www.126.com,www.tom.com,www.21cn.com,www.sina.com.cn 等。

2. 电子邮件的组成

电子邮件在 Internet 上的发送和接收可以形象地通过邮局邮寄包裹来形容:当需要寄一个包裹的时候,首先要找到一个有这项业务的邮局,填写收件人的姓名、地址之后,还需在包裹外简要注明包裹内的物品,那么对方取包裹的时候同时可以看到包裹上的信息。同样的,当发送电子邮件的时候,这封邮件首先要填写收件人电子邮箱的地址,电子邮件系统会根据收信人的地址判断对方的邮件接收服务器,从而将这封信发送到该服务器上。其次需要填写邮件的主题和正文,在主题栏中输入所发出的电子邮件主题,没有输入主题时默认为空,该主题将显示在收件人的收件夹中,在输入区内输入要发送的内容,按回车键可换行,全部填写完则一封电子邮件已基本完成。另外还可以利用邮件发送附件,进行签名文件设置和设置邮件重要度。

4.1.3 收发电子邮件的方式

通常,收发电子邮件的方式有两种,一种是直接登录到邮件服务器的主机上去收发自己的电子邮件,也就是使用 Web 方式收发电子邮件,这种方式较为简单常用。另外一种是使用邮件客户端程序帮助收发邮件及对邮件的管理。下面详细介绍这两种收发邮件的方式。

1. 使用 Web 方式收发电子邮件

大多数的邮箱都支持浏览器方式收发邮件,并且都提供一个友好的管理界面,只要在 IE 浏览器的地址栏中输入提供免费邮箱网站的网址,进入邮箱的登录界面,输入自己的用户名和密码后,就可进入邮箱收发邮件并进行邮件的管理。现在流行的邮件服务都提供了更加方便的 Web 收发方式,例如,Yahoo mail、Hotmail、Gmail 等。

2. 使用邮件客户端程序收发电子邮件

在使用邮件客户端程序收发电子邮件时,需要对邮件客户端程序进行简单的设置。邮件客户端程序具备强大的反垃圾邮件功能,它使用多种技术对邮件进行判别,能够准确识别垃圾邮件与非垃圾邮件,有效地降低垃圾邮件对用户的干扰,最大限度地减少用户因为阅读垃圾邮件而浪费的时间。数字签名和加密功能在邮件客户端程序中也得到支持,可以确保电子邮件的真实性和保密性。通过安全套接层(SSL)协议收发邮件,使得在邮件接收和发送过程中的数据都经过严格的加密,有效防止黑客窃听,保证数据安全。其他优势包括:可以阅读和发送国际邮件,同步用户的地址簿,并且提高了收发 Hotmail、MSN 等电子邮件的速度,以及以嵌入方式显示附件图片、支持名片、增强本地邮箱邮件搜索功能等。

总之,这两种方式各有优缺点。用 Web 方式收信不受时空限制,只要能连接因特网,就能自由收发电子邮件,但是用户需要定期清理自己的邮箱,否则可能会造成邮箱爆满,从而导致收不到邮件。使用邮件客户端,可以将邮件收取到本地计算机上,离线后仍可继续阅读邮件。本书将重点介绍用 Web 方式收发邮件。

4.2　申请免费电子邮箱

在收发电子邮件之前,用户需要一个电子邮箱。登录提供电子邮箱的网站,申请注册邮箱,按照提示把资料填写完毕就可以成功注册了。下面以网易电子邮箱(www.126.com)为例进行介绍,其他电子邮箱的操作方法与此类似。

如果还没有注册过邮箱,则需要登录提供电子邮箱的网站注册一个新邮箱。

步骤 1. 启动 IE 浏览器,在浏览器的地址栏中输入"www.126.com",按回车键确定后,打开 126 网易免费邮箱网站的首页,如图 4-1 所示。

提示: 如果需要经常查看电子邮件,则可以将该网址放入"收藏夹"中。

步骤 2. 单击邮箱首页右下方的【注册】按钮,浏览器就会跳转到注册新用户的页面,如图 4-2 所示。

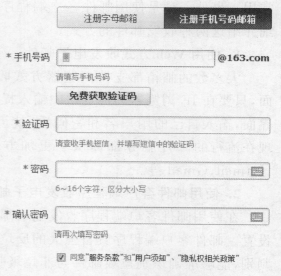

图 4-1　www.126.com 的首页　　　　图 4-2　【注册用户名】页面

提示: 用户名是登录邮箱时的帐户名,是一个字符串,长度一般为 6～18 个字符,包括英文字母 a～z、数字 0～9、下划线,起始字符必须是英文字母,字母和数字结尾,不区分大小写。在注册新用户的页面进行输入时,一般会给出用户名字符串组成要求的详细提示。

步骤 3. 输入完成后,系统会自动检查用户选择的用户名是否与系统中其他用户的用户名重复,如果有重复,可以点选其他域名的邮箱;若都被注册则,重新输入用户名;如果没有重复,则选择@126.com 的邮箱,如图 4-3 所示。

步骤 4. 在注册页面中需要填写邮箱的密码和安全信息设置。密码是将来使用邮箱的安全屏障,应该尽量选用安全级别高的密码,由 6～16 个字符组成,包括

图 4-3 【创建您的帐号】页面

字母、数字、特殊符号等，并且区分大小写，例如，"zc_8ssdf5f9"。不要设置密码强度为弱的过于简单的密码，以免被他人轻易登录。为了避免用户的误输入，设定密码时需要重复输入两次，只有两次输入完全相同，该项设置才能生效。需要注意的是，由于邮箱系统验证密码时是区分大小写的，所以设定密码和使用密码时一定要注意键盘的大小写状态。

在【验证码】栏中，需要用户输入验证图片中所看到的字符，若看不清或者图片没有正常显示，则单击【看不清楚，换张图片】。

按照要求依次填写好有关信息，其中带"＊"标志的项目为必填项目。填写完成后，单击【立即注册】按钮，完成注册过程，如图 4-4 所示。

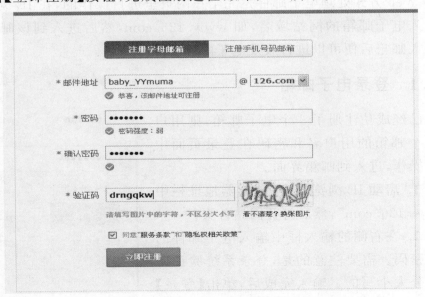

图 4-4 【创建帐号】页面

步骤 5. 系统进入到【注册成功】页面,如图 4-5 所示。单击【进入邮箱】链接,就可以进入到新注册的邮箱进行收发邮件的操作了。

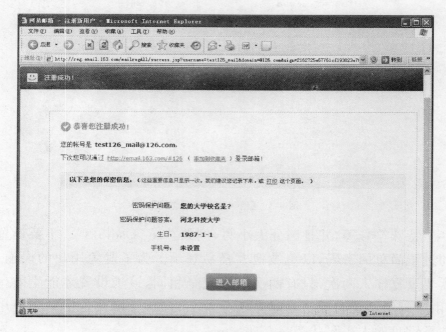

图 4-5 【注册成功】页面

4.3 使用 Web 方式收发电子邮件

使用 Web 方式处理电子邮件是完全在网页里进行操作的,在 IE 浏览器的地址栏中输入电子邮箱的网站域名,如 www.126.com,然后进入到该邮箱的登录界面。登入邮箱后便可以进行收发电子邮件的操作。

4.3.1 登录电子邮箱

如果已经成功注册了一个电子邮箱,则用户能够用这个邮箱的用户名和密码在登录页面中进行登录操作,进入到邮箱界面。

步骤 1. 启动 IE 浏览器,在浏览器地址栏中输入"www.126.com",然后打开网站首页。

步骤 2. 在右侧的输入框中输入电子邮件的用户名和密码。需要注意的是,登录系统验证密码时是区分大小写的。输入完成后,单击【登录】按钮,如图 4-6 所示。

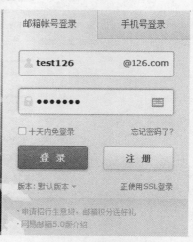

图 4-6 126 邮箱登录界面

步骤 3. 登录成功后会进入邮箱主页面，登录后的邮箱主页面如图 4-7 所示。

图 4-7　邮箱主页面

4.3.2　个性化邮箱

单击窗口右上角的【设置】链接，打开【设置】选项卡，如图 4-8 所示。在该选项卡中，用户可以对电子邮箱的各种参数进行设置。

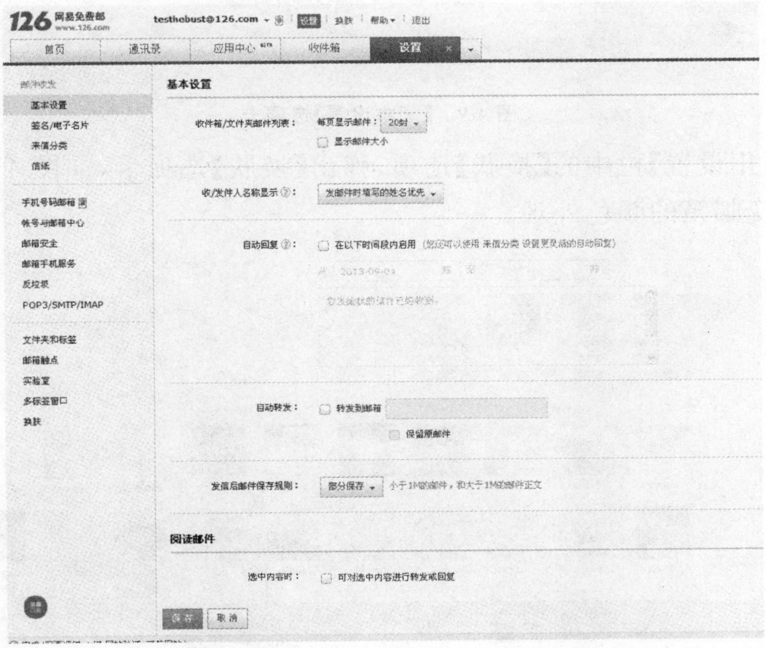

图 4-8　【设置】选项卡

在【常用设置】栏中可以对个人资料、修改密码、参数设置、签名、换肤、安全锁设置等进行设定。

单击【常用设置】栏中的【基本设置】，会弹出【基本设置】选项卡，如图 4-9 所示。在该选项卡中可以设置收\发件人名称显示、阅读窗格布局、每页最多显示邮件数、是否自动回复或自动转发等功能。

图 4-9　【基本设置】选项卡

单击【常用设置】栏中的【换肤】选项，弹出【换肤】选项卡，如图 4-10 所示。该操作可以改变邮箱的颜色外观。

图 4-10　【换肤】选项卡

单击【常用设置】栏中的【签名设置】，弹出【签名设置】选项卡，如图 4-11 所示。在选项卡中单击【添加签名】按钮，弹出如图 4-12 所示的编辑页面，用户能够在这个页面中编辑签名的内容。编辑完成后，单击【确定】按钮即可。在发送的邮件中，系统会自动加入用户的个性化签名，网易电子邮箱可以设置多个签名。

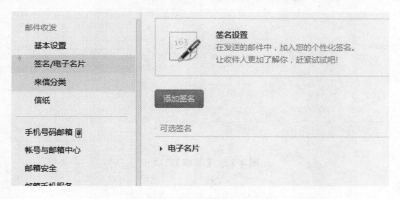

图 4-11　【签名设置】选项卡

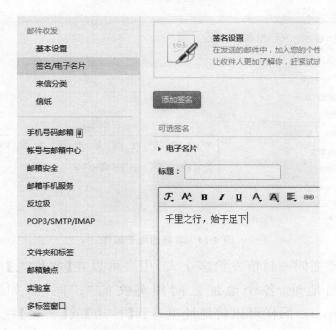

图 4-12　编辑签名提示的内容

4.3.3　发送电子邮件

步骤 1. 登录邮箱后，单击页面左侧上方的【写信】按钮，右侧会打开【写信】选项卡，可以填写新的电子邮件内容，如图 4-13 所示。

步骤 2. 在【发件人】栏中，系统自动填入本邮箱的地址，写信时不必进行修改。在【收件人】栏中需要填写收信人的电子邮箱地址，如 text126@126.com，如

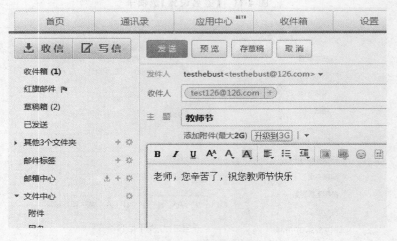

图 4-13 【写信】选项卡

图 4-14 所示。

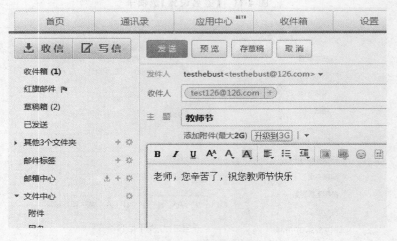

图 4-14 写新的电子邮件

提示：如果要把同一封信发给多个人，用户可以在【收件人】栏中填写多个收件人的电子邮箱地址，各个地址之间用英文的"；"间隔，如 lisi＠126.com；wangwu＠tom.com。同样可以将地址填写到【抄送】或【密送】栏中，如图 4-15 所示。它们的区别是采用"密送"方式给多人发送同一封信时，收件人不会知道信件都发给了谁。

如果【写信】选项卡中没有显示【抄送】或【密送】栏，则单击【收件人】栏右侧的【添加抄送】或【添加密送】。同样，如果想隐藏这两栏，则可以单击【收件人】栏右侧的【删除抄送】或【删除密送】。

在【抄送】或【密送】栏中，同样可填写多个邮箱地址，地址之间用英文的"；"来间隔。

图 4-15　【抄送】和【密送】栏

步骤 3. 在【主题】栏填写一个简短的字符串信息,如图 4-15 所示。主题字符串信息应能够概括邮件的内容,它将会出现在收件人邮箱的收件箱列表中,使收件人能够很方便地查看。

步骤 4.【附件】栏用于上传随邮件发送的附件。附件是一个独立文件,如图片、音乐文件、可运行的程序、各种类型的电子文档等,附加在邮件中将会同文本一起发送给收件人。

如果需要随邮件发送附件,单击【添加附件】链接,弹出【选择文件】对话框,如图 4-16 所示。选择要添加为附件的文件后,单击【打开】按钮,附件即被添加到邮件中。在【添加附件】按钮下方,用户能够看到所添加附件文件的列表,如图 4-17 所示。

图 4-16　【选择文件】对话框

图 4-17　添加的附件文件列表

步骤 5. 填写完上述内容后,在下方的文本框中输入邮件的正文。在正文输入框的上侧有一排用于编辑正文的按钮,通过这些按钮可以设置文字的大小、风格、颜色等。单击【信纸】按钮，可以打开右侧的信纸模板列表，选择一个信纸图案作为邮件正文的底图，如图 4-18 所示。

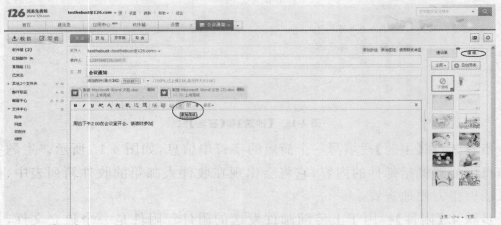

图 4-18 【信纸】选项卡及使用信纸模板

步骤 6. 确认所填写的各项内容正确后，单击选项卡上方的【发送】按钮就完成了邮件的发送。

提示：如果发送之前单击【存草稿】按钮，可以将当前正在编辑的邮件保存在草稿箱中，以后任何时候都可以单击窗口左侧的【草稿箱】按钮，打开草稿箱，查看、修改并发送该邮件。也可以单击【定时发信】以实现定时发送用户所编写好的文件。

4.3.4 接收并回复电子邮件

1. 收信

步骤 1. 用户首先登录到邮箱主页面，在窗口左侧【收件箱】右边的括号里能够看到未读的邮件数，如图 4-19 所示。

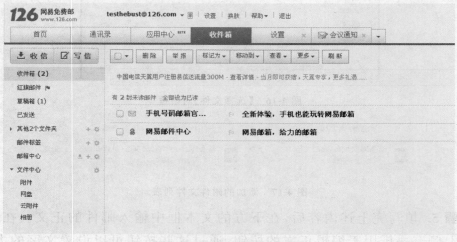

图 4-19 登录邮箱后的首页面

步骤 2. 单击列表中的邮件，能够查看邮件的详细内容，如图 4-20 所示。

图 4-20　查看邮件详细内容

步骤 3. 如果收到的邮件带有附件，在【附件】栏中会显示附件文件名的列表。单击【附件】栏中的【下载】链接，弹出如图 4-21 所示的【文件下载】对话框，单击【下载】按钮，可以将邮件所携带的附件下载到本地硬盘。

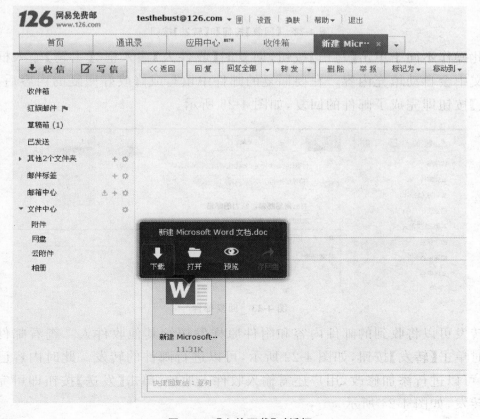

图 4-21　【文件下载】对话框

单击【打开】按钮，系统会根据附件的文件类型选择合适的程序打开该文件，用户可以查看附件的具体内容，但附件不会自动在本地保存。单击【预览】按钮，则会弹出选择文件的预览视图。如果是陌生人发来的邮件附件，则应该谨慎打开，因为该附件很可能含有病毒，用户可先选择下载，下载后用杀毒软件查杀后再打开。

2. 回复及转发

在查看邮件详细内容时，单击【回复】按钮，如图 4-22 所示，可以方便快捷地回复一封电子邮件。

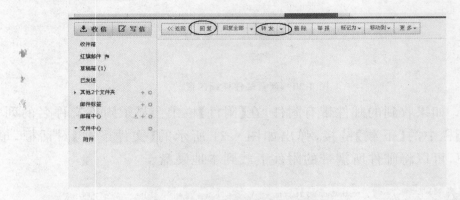

图 4-22　【回复】按钮和【转发】按钮

此操作不同于单击【写信】按钮，回复时【收件人】输入框、【主题】输入框和邮件正文中会自动填充内容。在要回复的邮件中填写或修改好回复的内容后，单击【发送】按钮即完成了邮件的回复，如图 4-23 所示。

图 4-23　回复邮件

转发可以将收到的邮件内容和附件原样发送给其他收件人。查看邮件详细内容时单击【转发】按钮，如图 4-22 所示，可以进行邮件的转发。此时内容已自动填写，可以进行添加修改，用户还需输入收件人地址，单击【发送】按钮即可完成邮件的转发，如图 4-24 所示。

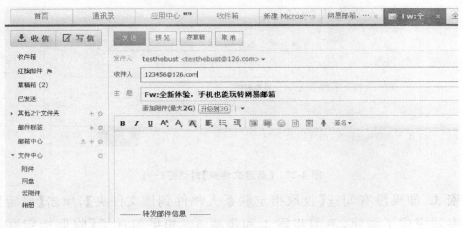

图 4-24　转发邮件

4.4　管　理　邮　件

在邮箱系统中自带的文件夹包括【收件箱】、【草稿箱】、【已发送】、【已删除】、【垃圾邮件】等。这些文件夹中存放着对应的邮件文件。

单击以上文件夹后，在弹出的相应选项卡中可以对各文件夹中的文件进行"删除"、"转移到"、"查看"、"标记"、"举报垃圾邮件"等操作。对于没有用的邮件需要删除。首先标记此邮件，单击文件夹列表中的【删除】链接以删除此邮件，释放邮箱的空间

删除后的邮件都在【已删除】文件夹中，在该文件夹中可将其彻底删除。误删邮件或者恢复一些被误认为是垃圾邮件的邮件时，需要将要移动的邮件标记后，单击"转移到"链接可将邮件转移到用户要求的相应位置，如图 4-25 所示。

图 4-25　对邮件的操作

邮箱系统还允许用户创建新文件夹来组织和排序邮件，也可以进行邮件规则设置，接收到符合设定规则要求的邮件将会自动放在指定的文件夹里。创建新文件夹的步骤如下所示。

步骤 1. 单击文件夹列表下方的【新建文件夹】按钮，如图 4-26 所示。

步骤 2. 然后会弹出【新建文件夹】对话框，如图 4-27 所

图 4-26　对邮件的操作

示。在文本框中输入文件夹的名称。

新建文件夹	×
输入文件夹名称	重要邮件
☐ 收取指定联系人邮件到该文件夹	确 定　取 消

图 4-27　【新建文件夹】对话框(一)

　　步骤 3. 如果没有勾选【收取指定联系人邮件到该文件夹】,单击【确定】按钮,新文件夹就完成了创建,不需步骤 4 和步骤 5。如果勾选了【收取指定联系人邮件到该文件夹】,如图 4-28 所示,单击【下一步】按钮。

新建文件夹	×
输入文件夹名称	重要邮件
☑ 收取指定联系人邮件到该文件夹	下一步　取消

图 4-28　【新建文件夹】对话框(二)

　　步骤 4. 弹出【选择联系人】对话框,如图 4-29 所示。在列表中勾选联系人邮箱,也可以直接输入联系人邮箱。选择或者填写后,单击【下一步】按钮即可完成。

设置采信分类	×
输入联系人名称:	zhangsan@126.com
查找联系人	
▼ 所有	(2)
李四	
张三	
	确 定　取 消

图 4-29　【选择联系人】对话框

4.5　建立通讯录

　　电子邮箱通常都提供通讯录的功能,利用此功能用户可以将联系人的电子邮箱地址保存到通讯录中,尤其对常用联系人,这样发送邮件时就可以在通讯录中直接选择。

步骤 1. 单击窗口左侧窗格中的【通讯录】,在右侧窗格打开【通讯录】选项卡,如图 4-30 所示。

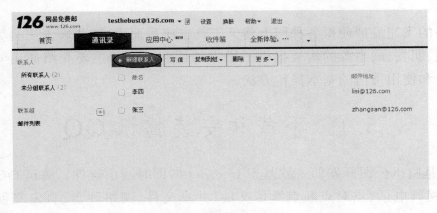

图 4-30 【通讯录】选项卡

步骤 2. 单击右侧窗格中的【新建联系人】按钮,页面下方就会出现联系人信息输入框,如图 4-31 所示。

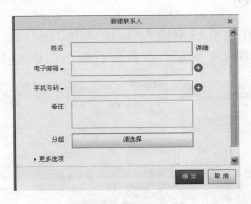

图 4-31 新建联系人

步骤 3. 按照提示填写联系人的姓名、邮箱地址、所属组等信息,单击【确定】按钮,联系人的信息就保存到通讯录中了。

提示:单击页面中的【新建组】按钮,按照类似的方法可以在通讯录中添加新组。

第 5 章　网　上　聊　天

网络的飞速发展使得各种网上聊天工具也应运而生，这些聊天工具为远在异地的家人、朋友、同事等的沟通提供了极大的便利。本章主要介绍使用 QQ 进行网上聊天和使用飞信的基本操作方法。

5.1　下载和安装腾讯 QQ

QQ 是腾讯公司开发的一款基于 Internet 的即时通信软件。腾讯 QQ 支持在线聊天、视频电话、点对点断点续传文件、共享文件、网络硬盘、自定义面板、QQ 邮箱等多种功能，并可与移动通信终端等多种通信方式相连。QQ 是目前使用最广泛的聊天软件之一。

5.1.1　下载 QQ

步骤 1. 启动 IE，在地址栏中输入"http://im.qq.com/"，按【Enter】键，即可进入 QQ 官方网站，如图 5-1 所示。在页面右侧会列出 QQ 的不同版本。

图 5-1　QQ 官方网站

步骤 2. 单击 QQ 版本列表上方的第一个版本（最新版本），如【QQ2013 正式版 SP1】，进入该版本 QQ 下载页面，如图 5-2 所示。

图 5-2 2013 版 QQ 下载页面

步骤 3. 单击【立即下载】按钮，打开保存文件窗口，如图 5-3 所示。

图 5-3 保存文件窗口

步骤 4. 选择保存路径，单击【保存】按钮，在文件保存路径下，会看到 QQ 安装程序，如图 5-4 所示。

图 5-4 QQ 安装程序

5.1.2　安装 QQ

QQ 下载完成后,就可进入 QQ 安装过程,具体操作过程如下。

步骤 1. 双击下载的 QQ 安装程序,弹出【打开文件】窗口,如图 5-5 所示。

图 5-5　【打开文件】窗口

步骤 2. 单击【运行】按钮,进入【QQ2013 安装向导】窗口,如图 5-6 所示。

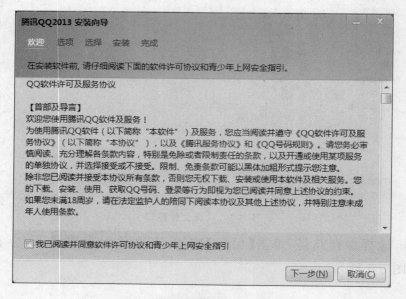

图 5-6　【QQ2013 安装向导】窗口

步骤 3. 选中【我已阅读并同意软件许可协议和青少年上网安全指引】前面的复选框,并单击【下一步】按钮,进入【QQ 安装选项】窗口,如图 5-7 所示,可选择自定义安装选项及快捷方式选项。默认情况下,所有的选项都会被选中。

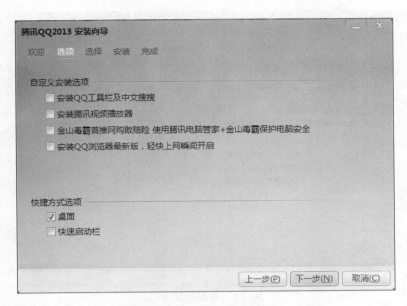

图 5-7 【QQ 安装选项】窗口

步骤 4. 进行自定义安装及快捷方式选择后,单击【下一步】按钮,进入【QQ安装路径选择】窗口,如图 5-8 所示。可单击"程序安装目录"后面的【浏览】按钮选择安装路径。

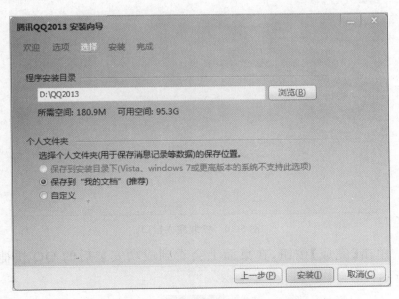

图 5-8 【QQ 安装路径选择】窗口

步骤 5. 选择安装路径后单击【安装】按钮,即可进入安装过程窗口,如图 5-9所示。窗口下方的进度条会显示安装进度,如果原来安装有旧版本的 QQ,则会先自动卸载再安装新版本。

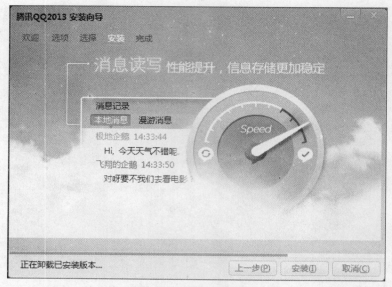

图 5-9　安装过程窗口

步骤 6. 在安装过程中,只需稍等一会,就可以完成安装,安装完成窗口如图 5-10 所示。在该窗口中,可以选择安装完成后要做的操作,如"立即运行腾讯QQ2013"等。

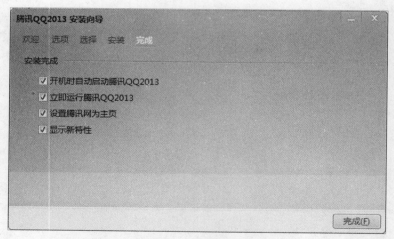

图 5-10　安装完成窗口

步骤 7. 单击【完成】按钮,在桌面上会看到成功安装后的 QQ 快捷方式图标,如图 5-11 所示。

图 5-11　QQ 快捷方式图标

5.2　使用 QQ 聊天

　　QQ 安装完成后，就可以和好友进行聊天。但是用户必须登录 QQ 后，将好友添加到自己的好友列表中，这样才能给好友发送消息，进行语音、视频聊天及传送文件等。下面就来介绍 QQ 聊天的相关操作。

5.2.1　申请免费 QQ 号码并登录 QQ

　　步骤 1. 双击桌面上的 QQ 快捷方式图标，打开 QQ 登录窗口，如图 5-12 所示。

图 5-12　QQ 登录窗口

　　步骤 2. 单击登录窗口中 QQ 号码输入框右侧的【注册帐号】，进入 QQ 注册页面，如图 5-13 所示。页面左侧可以选择 QQ 帐号、手机帐号或者邮箱帐号进行注册，默认为 QQ 帐号。

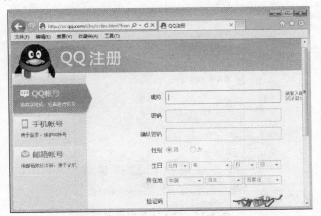

图 5-13　QQ 注册页面

步骤 3. 在 QQ 注册页面中正确填写注册信息,如昵称、密码等,单击页面下方的【立即注册】按钮,进入 QQ 注册成功提示页面,如图 5-14 所示。该页面显示成功申请的 QQ 号码,用户需要牢记该号码,用于登录 QQ。

图 5-14　QQ 注册成功提示页面

　　步骤 4. 在如图 5-12 所示的 QQ 登录窗口中,按照登录窗口中编辑框中的提示分别输入 QQ 号码和密码,单击【登录】按钮,即可进入 QQ 好友列表窗口,如图 5-15 所示。

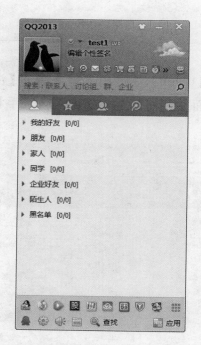

图 5-15　QQ 好友列表窗口

5.2.2　添加聊天对象

新 QQ 号码首次登录时,好友名单是空的,要和其他人聊天,必须先要添加好友。查找并添加好友的具体操作步骤如下。

步骤 1. 单击 QQ 好友列表窗口下方的【查找】按钮(放大镜图标),打开【查找】窗口,如图 5-16 所示。

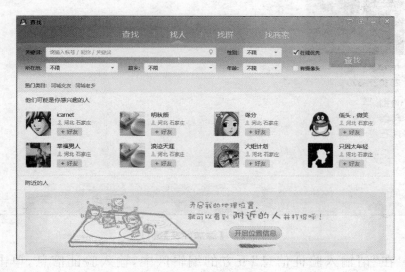

图 5-16　【查找】窗口

步骤 2. 在【找人】选项卡下的"关键词"后的编辑框中输入好友 QQ 号码,单击【查找】按钮,可看到查找好友结果窗口,如图 5-17 所示。

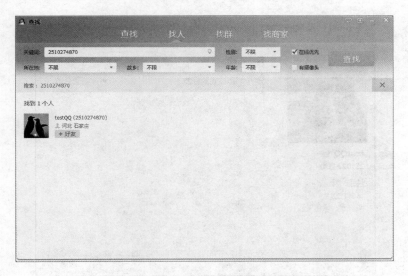

图 5-17　QQ 好友查找结果窗口

步骤 3. 单击查找到的好友下方的【＋好友】按钮,进入【添加好友】窗口,如图

5-18 所示。

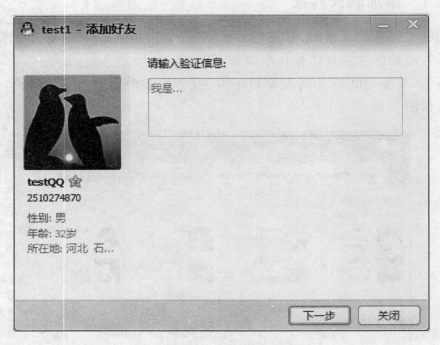

图 5-18　【添加好友】窗口

　　步骤 4. 在"请输入验证信息"下方的编辑区中,输入验证信息,单击【下一步】
按钮,进入好友分组及填写备注信息窗口,如图 5-19 所示。备注姓名用于区分好
友,如好友叫"张三",可在备注姓名中填写好友的名字;分组可将不同的好友放在
不同的分组中,如同事、朋友、同学等分组。

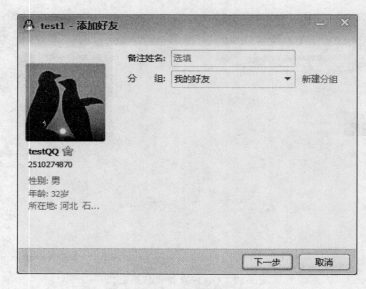

图 5-19　好友分组及填写备注信息窗口

步骤 5. 填写备注,单击"分组"下拉列表框后的箭头选择分组,单击【下一步】按钮,进入验证信息发送成功提示窗口,如图 5-20 所示。

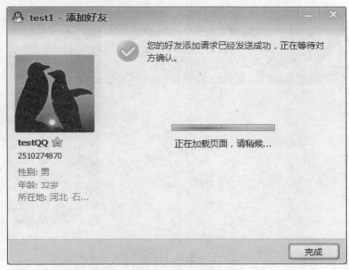

图 5-20　验证信息发送成功提示窗口

步骤 6. 单击【完成】按钮,完成添加。待好友审核并同意添加完成后,在 QQ 对应的分组列表中可看到添加成功的好友,如图 5-21 所示。

图 5-21　QQ 分组中添加成功的好友

5.2.3　与老朋友聊天

添加好友成功之后,就可以和好友聊天,即向好友发送消息和接收好友发送过来的消息,具体操作步骤如下。

步骤 1. 在如图 5-21 的好友列表中双击 QQ 好友图标,打开聊天窗口,如图 5-22 所示。

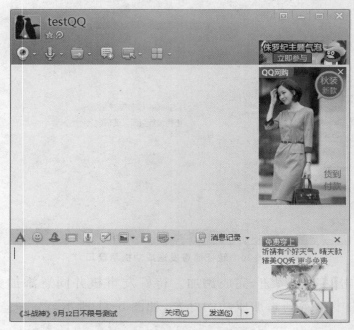

图 5-22　QQ 聊天窗口

步骤 2. 在聊天窗口下方的消息编辑区中输入聊天消息,如图 5-23 所示。

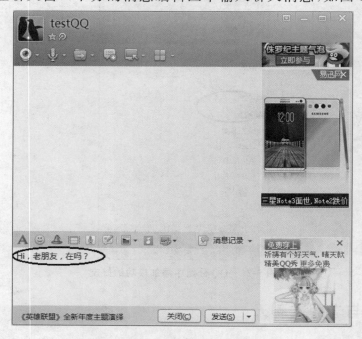

图 5-23　消息编辑区中输入的消息

步骤 3. 编辑完消息后，单击【发送】按钮，在上方的聊天消息显示窗口中可看到刚才发送的消息，如图 5-24 所示。好友就会收到用户发送的消息。

图 5-24 发送成功的聊天消息

当好友接收到聊天消息后，如果也向用户发送消息，用户没有关闭聊天窗口时，在聊天窗口上方的消息显示窗口会看到聊天消息；如果用户关闭了聊天窗口，则可以通过双击 Windows 窗口右下角闪烁的 QQ 图标打开聊天窗口，查看聊天消息。

5.2.4 与好友进行语音和视频聊天

除了和好友通过编辑消息聊天外，用户也可以直接通过语音和视频与好友聊天。在语音和视频聊天之前，应该确保电脑已经成功连接了麦克风和摄像头。安装麦克风时，只需将麦克风特定的插头插入电脑对应的插孔中即可。摄像头和电脑连接时，一般都只需将摄像头连接线末端的 USB 端和电脑的 USB 接口连接即可。下面来介绍与 QQ 好友进行语音及视频聊天的具体操作步骤。

1. 主动邀请好友视频聊天

步骤 1. 在如图 5-22 所示的 QQ 聊天窗口中，单击窗口上方的摄像头按钮，打开视频会话窗口，如图 5-25 所示。

步骤 2. 等待好友接受视频邀请后，在视频会话窗口中会看到好友，如图 5-26 所示。

图 5-25　视频会话窗口

图 5-26　视频会话窗口中的好友

2. 被动接受好友视频聊天邀请

当有好友发送过来的视频聊天请求时,在聊天窗口右侧会显示【接受】和【拒绝】视频邀请的按钮,如图 5-27 所示。

单击【接受】按钮时,即可打开如图 5-26 所示的视频会话窗口,可以和好友进行聊天。

5.2.5　在线传送文件

和好友聊天的过程中,用户也可以向好友发送文件,下面来介绍向好友传送

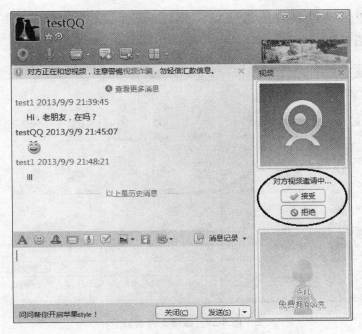

图 5-27　【接受】和【拒绝】视频邀请的按钮

文件的具体操作步骤。

　　方法一、从电脑中选择文件。

　　步骤 1. 在如图 5-22 所示的 QQ 聊天窗口中,单击传送文件按钮(从左往右数第三个),弹出传送文件类型列表,如图 5-28 所示。

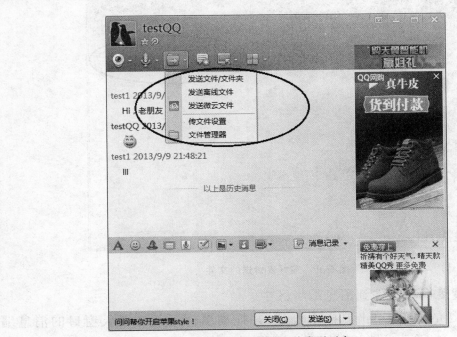

图 5-28　传送文件类型列表

步骤 2. 单击选择一种传送文件类型，如选择【发送文件/文件夹】，进入文件选择窗口，如图 5-29 所示。

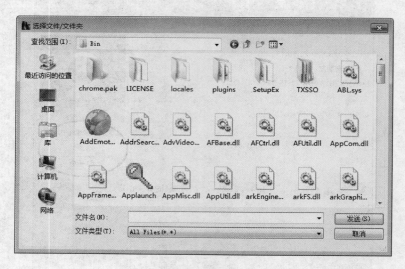

图 5-29　选择文件窗口

步骤 3. 单击选择要传送的文件后，单击【发送】按钮，在 QQ 聊天窗口右侧可以看到向好友传送的文件，如图 5-30 所示。在此，也可以取消要传送的文件，或者改为离线文件。

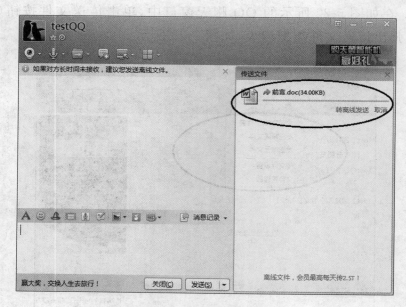

图 5-30　向好友传送的文件

方法二、直接拖动文件到消息编辑区中。

选中要传送的文件，单击鼠标不松开，并拖动鼠标到 QQ 聊天窗口的消息编辑区中，如图 5-31 所示。松开鼠标后，可看到如图 5-30 所示的传送文件。

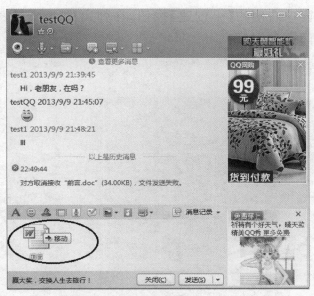

图 5-31　拖动到消息编辑区中的文件

5.2.6　QQ 群的使用

　　QQ 群是腾讯公司推出的多人聊天交流服务,群主在创建群以后,可以邀请朋友或者有共同兴趣爱好的人到一个群里面聊天。在群内除了聊天,腾讯还提供了群空间服务。在群空间中,用户可以使用群 BBS、相册、共享文件等多种方式进行交流。QQ 群的理念是群聚精彩,共享盛世。下面来介绍创建 QQ 群及群聊的基本操作。

　　步骤 1. 在 QQ 好友列表窗口中单击群图标,进入群选项窗口中,如图 5-32 所示。

图 5-32　群选项窗口

步骤 2. 单击窗口右侧的【＋创建】按钮,在弹出的下拉列表中选择【创建群】选项,打开【创建群】窗口,如图 5-33 所示。

图 5-33　【创建群】窗口

步骤 3. 选择群类别,如单击选择【同事朋友】群,进入填写群信息窗口,如图 5-34 所示。

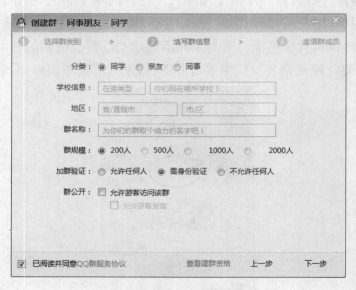

图 5-34　填写群信息窗口

步骤 4. 填写群信息后,单击【下一步】按钮,进入邀请群成员窗口中,如图 5-35 所示。可以从窗口左侧的好友列表中添加好友到所创建的群中。

步骤 5. 添加完成后,单击【完成创建】按钮,进入首次建群信息认证窗口,如图 5-36 所示。

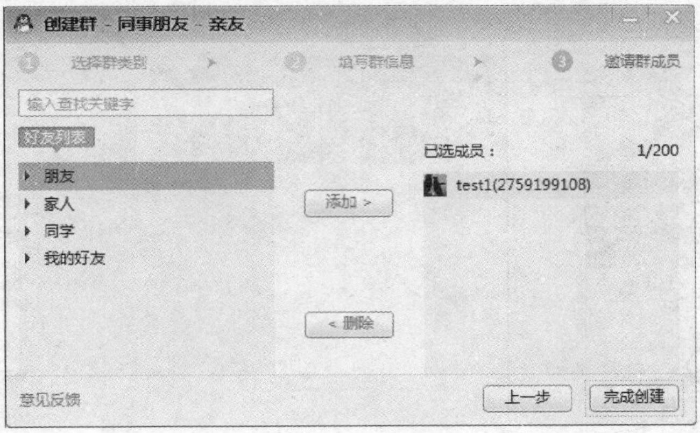

图 5-35 邀请群成员窗口

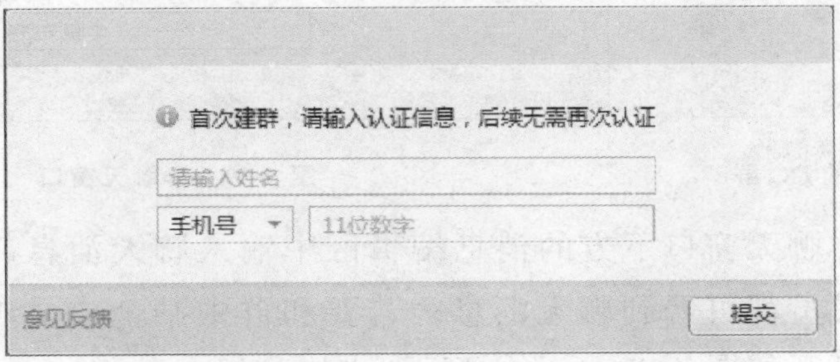

图 5-36 首次建群信息认证窗口

步骤 6. 输入姓名和手机号后，单击【提交】按钮，进入【创建成功并完善群资料】窗口，如图 5-37 所示。

图 5-37 【创建成功并完善群资料】窗口

步骤 7. 完善群资料后，单击【完成】按钮，在 QQ 群列表中可看到刚创建的群，如图 5-38 所示。

步骤 8. 双击群图标，进入群聊天窗口，如图 5-39 所示，在窗口的右下角列出了所有的群成员。

图 5-38　成功创建的 QQ 群

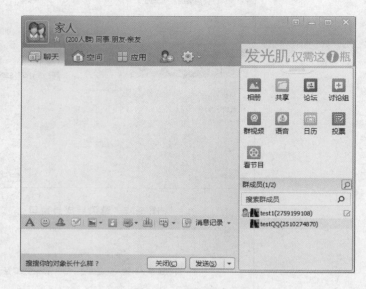

图 5-39　群聊天窗口

步骤 9. 在群聊天窗口下方的消息编辑区中输入聊天消息,并单击【发送】按钮,群中的所有成员都可看到聊天消息。若要和群中某个成员聊天,只需双击群成员图标,即可打开如图 5-22 所示的聊天窗口,和好友私聊。

5.2.7　设置 QQ 软件

QQ 的初始设置也许不能满足用户的需求,用户可以对 QQ 进行个性化设置,具体操作步骤如下。

步骤 1. 单击图 5-15 所示的 QQ 好友列表下方的齿轮状按钮,即可进入 QQ 设置窗口,如图 5-40 所示,可以进行【基本设置】、【安全设置】和【权限设置】,默认

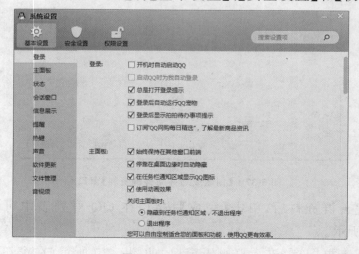

图 5-40　QQ 设置窗口

为【基本设置】。

步骤 2. 如要更改基本设置中的状态设置，单击窗口左侧的【状态】，即可进入基本设置中的状态设置选项窗口中，如图 5-41 所示。

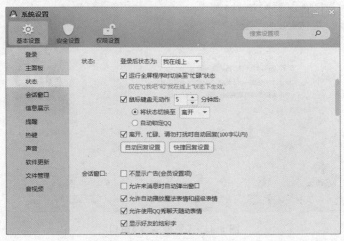

图 5-41　状态设置选项窗口

步骤 3. 如要修改登录状态，单击"登录后状态为："右侧的下拉列表，选择登录状态。设置完成后，单击窗口右上角的关闭按钮，设置成功。

其他设置可参考该设置进行操作。

5.2.8　更换 QQ 个人头像

步骤 1. 单击如图 5-15 所示的 QQ 好友列表窗口左上角的 QQ 头像，可进入我的资料窗口，如图 5-42 所示。在窗口右上角可看到 QQ 默认头像。

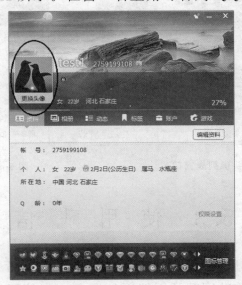

图 5-42　我的资料窗口

步骤 2. 单击 QQ 默认头像，进入【更换头像】窗口，如图 5-43 所示。可以选择自定义头像、经典头像和动态头像。

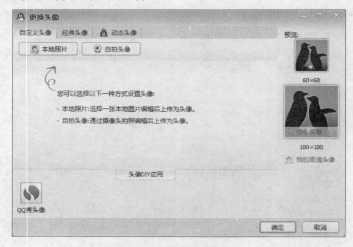

图 5-43 【更换头像】窗口

步骤 3. 如要选择 QQ 中的经典头像，单击【经典头像】选项卡，可进入经典头像列表窗口，如图 5-44 所示。

步骤 4. 选择头像后，单击【确定】按钮，在 QQ 好友列表窗口左上角可看到新的 QQ 头像，如图 5-45 所示。

图 5-44 经典头像列表窗口

图 5-45 新更换的 QQ 头像

5.3 使 用 飞 信

飞信是中国移动推出的"综合通信服务"，即融合语音、GPRS、短信等多种通信方式，实现互联网和移动网间的无缝通信服务。飞信不但可以免费从 PC 给手机发短信,而且还不受任何限制,能够随时随地与好友开始语聊,并享受超低语聊资费。下面主要介绍飞信的使用方法。

5.3.1 下载与安装飞信

要使用飞信,首先必须安装飞信客户端软件,下载与安装操作方法如下。

步骤 1. 打开 IE,在地址栏中输入"http://feixin.10086.cn/",按【Enter】键,进入中国移动飞信首页,如图 5-46 所示。默认为 PC 飞信页面。

图 5-46 中国移动飞信首页

步骤 2. 单击页面上方的图片,进入 PC 飞信的下载页面,如图 5-47 所示,在该页面上方显示当前最新版的飞信。

图 5-47 飞信下载页面

步骤 3. 单击【免费下载】按钮,在保存路径下可看到下载的软件,如图 5-48 所示。

图 5-48　下载的飞信客户端软件

步骤 4. 双击客户端软件图标，进入飞信安装向导窗口，如图 5-49 所示。可以选择【快速安装】或【自定义安装】。快速安装可以省略安装选项等相关设置。

图 5-49　飞信安装向导窗口

步骤 5. 单击【快速安装】按钮，进入飞信安装完成窗口，如图 5-50 所示。

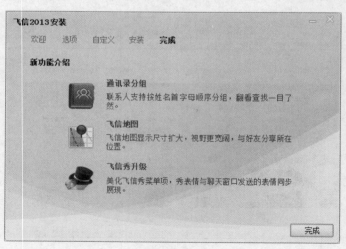

图 5-50　飞信安装完成窗口

步骤 6. 单击【完成】按钮，在桌面上即可看到成功安装的飞信客户端快捷方式，如图 5-51 所示。

图 5-51　飞信客户端快捷方式

5.3.2　注册飞信用户并进行登录

要使用飞信所提供的功能，首先应该注册为飞信用户。注册飞信用户的具体操作步骤如下。

步骤 1. 双击飞信快捷方式，打开飞信登录窗口，如图 5-52 所示。在登录窗口下方可看到【注册用户】按钮。

步骤 2. 单击【注册用户】按钮，进入飞信注册窗口，如图 5-53 所示。可以选择手机注册、邮箱注册或昵称注册。

图 5-52　飞信登录窗口

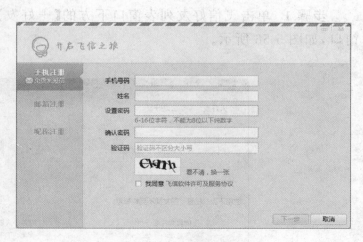

图 5-53　飞信注册窗口

步骤 3. 如选择【昵称注册】，输入昵称、密码等信息后，单击【下一步】按钮，进入注册成功提示窗口，如图 5-54 所示。

步骤 4. 在如图 5-52 所示的飞信登录窗口中，按照提示输入飞信号及密码，单击【登录】按钮，即可进入飞信好友列表窗口，如图 5-55 所示。

图 5-54　注册成功提示页面

图 5-55　飞信好友列表窗口

5.3.3　添加好友

与 QQ 类似，成功登录飞信后，就可在好友列表中添加好友，具体操作如下。

步骤 1. 单击飞信好友列表窗口下方的【＋好友】按钮，即可进入【添加好友】窗口，如图 5-56 所示。

图 5-56　【添加好友】窗口

步骤 2. 在【个人好友】选项卡下方的搜索框中输入要添加的好友的手机号、邮箱或飞信号，单击【添加】按钮，进入分组选择等相关信息填写窗口，如图 5-57

所示。

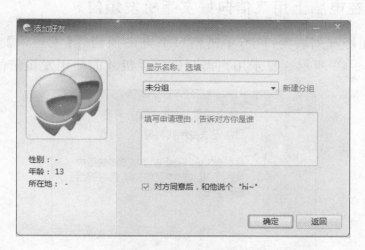

图 5-57 分组选择等相关信息填写窗口

步骤 3. 填写相关信息完成后,单击【确定】按钮,即可进入添加好友请求发送成功提示窗口,如图 5-58 所示。用户可以通过单击【再加一个】按钮添加多个好友。

步骤 4. 单击窗口右上角的关闭按钮,等待好友同意添加后,在好友列表中会看到添加成功的好友,如图 5-59 所示。

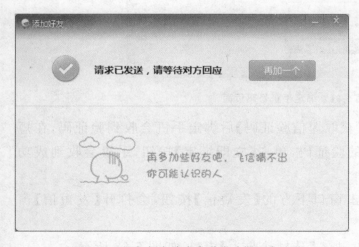

图 5-58 添加好友请求发送成功提示窗口

图 5-59 好友列表中添加成功的好友

5.3.4　在电脑上用飞信向好友手机发短信

步骤 1. 在好友列表窗口中,单击窗口下方的信封样【发短信】按钮,弹出【提示】窗口,如图 5-60 所示。提示用户需要绑定手机才能使用发短信的功能。

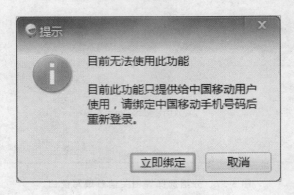

图 5-60　【提示】窗口

步骤 2. 单击【立即绑定】按钮,进入互联网通行证的绑定手机号码页面,如图 5-61 所示。

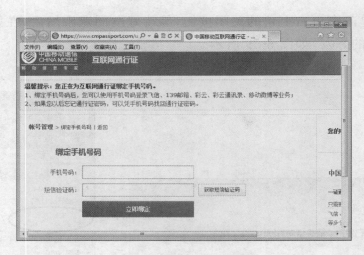

图 5-61　绑定手机号码页面

步骤 3. 输入手机号,单击【获取短信验证码】后绑定手机会收到验证码,在短信验证码输入框中输入所收到的验证码,单击【立即绑定】按钮,手机会收到成功绑定的短消息。

步骤 4. 重新登录飞信,单击窗口下方的【发短信】按钮,会打开【发短信】窗口,如图 5-62 所示。

步骤 5. 单击【接收人】按钮,进入【选择接收人】窗口,如图 5-63 所示。

步骤 6. 选择接收人后,单击【确定】按钮,回到【发短信】窗口。此时,接收人

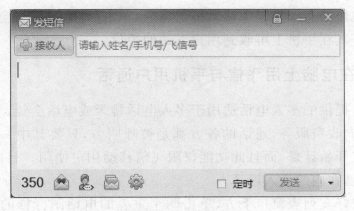

图 5-62 【发短信】窗口

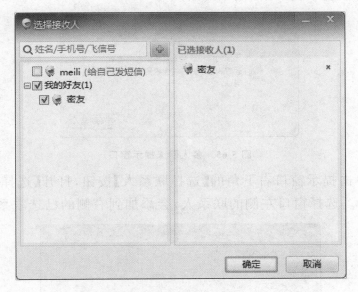

图 5-63 【选择接收人】窗口

后的编辑框中添加了所选择的短信接收人,如图 5-64 所示。

图 5-64 添加了短信接收人后的发短信窗口

步骤 7. 在短消息编辑区中编辑短消息后,单击【发送】按钮,会看到短信发送成功的提示,好友在手机上可收到用户发送的短信。

5.3.5　在电脑上用飞信与手机用户通话

目前,飞信提供的多人电话适用于多人电话聊天或电话会议。多人电话是由后台发起的双向收费服务,通话的各方都是被呼叫方,只要其中一方确认并接听电话,这一方就开始计费,而且此功能仅限飞信移动用户使用。目前,飞信最多允许包括用户自己在内的 8 人通话。

步骤 1. 在好友列表窗口下方,单击两个重叠的电话图标样的【多人电话】按钮,弹出多人聊天提示窗口,如图 5-65 所示。

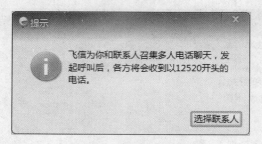

图 5-65　多人聊天提示窗口

步骤 2. 单击提示窗口右下角的【选择联系人】按钮,打开【选择联系人】窗口,如图 5-66 所示。选择窗口左侧的联系人,会添加到右侧的已选联系人列表中。

图 5-66　【选择联系人】窗口

步骤 3. 选择要通话的联系人后,单击【确定】按钮,即可打开【多人电话】窗口，如图 5-67 所示。好友陆续会收到以 12520 开头的电话，只要有一个好友接受了通话邀请，即可开始进行多人通话。

图 5-67　【多人电话】窗口

5.3.6　在电脑上用飞信传文件

除了利用飞信发短消息、语音通话外，常用的操作就是利用飞信传输文件，具体操作步骤如下。

步骤 1. 在飞信聊天窗口上方，可看到【文件传输】按钮，如图 5-68 所示。

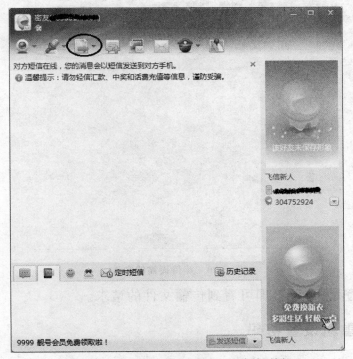

图 5-68　飞信聊天窗口中的【文件传输】按钮

步骤 2. 单击【文件传输】按钮，进入选择发送文件窗口，如图 5-69 所示。

图 5-69　选择发送文件窗口

步骤 3. 选择要发送的文件，单击【打开】按钮，在飞信聊天窗口右侧中可看到等待传输的文件，如图 5-70 所示。

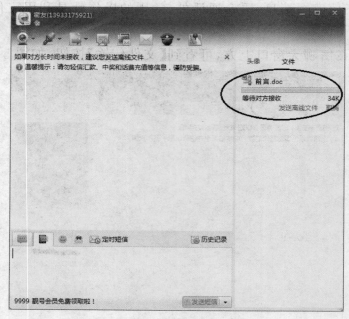

图 5-70　等待传输的文件

等待好友登录飞信后，即可看到传输文件的请求。

5.3.7　重新设置密码

如果用户想修改登录飞信的密码，可以按照以下方法进行操作。

步骤 1. 登录飞信,在飞信好友列表窗口左下角可看到如图 5-71 所示的【主菜单】按钮。

步骤 2. 单击【主菜单】按钮,弹出快捷菜单,如图 5-72 所示。

图 5-71 飞信登录窗口【主菜单】按钮

图 5-72 快捷菜单

步骤 3. 单击选择【修改密码】菜单项,进入修改密码页面,如图 5-73 所示。

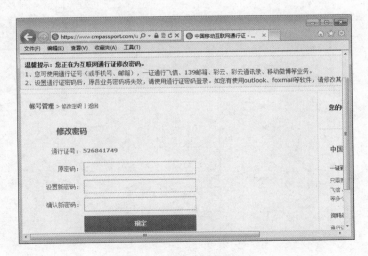

图 5-73 修改密码页面

步骤 4. 在页面中输入原密码,设置新密码并确认无误后,单击【确定】按钮,进入密码修改成功提示页面,如图 5-74 所示。

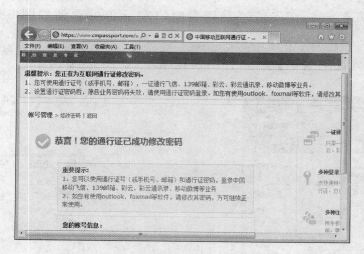

图 5-74　密码修改成功提示页面

第6章 网络中的视听享受

随着 Internet 的迅速普及,网络正在逐步成为人们娱乐的重要平台,在网络上可以体验前所未有的视听享受。本章主要介绍如何在网上欣赏音乐、欣赏戏曲、收看电视节目和欣赏网络影视、收听广播和评书,并介绍了网上常用的方法和工具,使老人能够快速简单地学会在网上体验视听享受。

6.1 网上听音乐

6.1.1 通过百度欣赏音乐

网络上提供了许多欣赏音乐的方式,比较常用的是百度音乐、搜狗音乐和SOSO 音乐。在这些网站上,提供了对音乐的搜索,用户可以通过输入歌名、歌词、歌手或者专辑的关键字进行搜索;还提供了各种榜单,用户可以通过榜单知道哪些音乐正在流行。另外,在网站上按照各种分类列出了全部歌手,用户可以通过点击喜欢的歌手查看属于该歌手的音乐;还有分类和专题以及歌单等非常有用的应用。下面以百度音乐为例,对这些功能一一进行说明。

首先,在 IE 的地址栏中输入 www. baidu. com,单击"音乐"链接,如图 6-1 所示。

图 6-1 进入百度音乐

进入百度音乐的页面,如图 6-2 所示。百度音乐是中国第一音乐门户,提供了海量正版高品质音乐、最权威的音乐榜单、最快的新歌速递、最契合的主题电台、最人性化的歌曲搜索,用户能够更快地找到喜爱的音乐。在百度音乐的首页上主要有七个链接:首页、榜单、歌手、分类、专题、歌单、MV。下面对这七个模块进行详细介绍。

图 6-2　百度音乐页面

1. 首页

首页上所体现的内容,其实就是整个百度音乐的汇总。在页面的最上面是"新碟首发",列出了最新最流行发行的大碟,单击可直接收听。紧接着是"榜单"的内容,提供了最权威的音乐榜单。然后是"推荐 MV"、"百度音乐人"、"热门歌单"、"精彩专题"等各个模块,在此处单击链接,都可以链接到相应的主题。在首页的右侧还提供了"音乐分类"和"推荐歌手"两个模块,用户可以通过音乐分类找到自己喜欢的歌曲类别,比如"经典老歌"。从"推荐歌手"找到自己喜欢的歌手,通过单击该歌手的照片就可以找到他所有的歌曲。在首页上,音乐的因素非常齐全,只要单击相应模块或相应链接,都可以对每一部分进行全新的体验。

2. 榜单

百度音乐排行榜提供了最权威的当前的歌曲排行榜、新歌排行榜、音乐排行榜、流行音乐排行榜、流行歌排行榜榜单、最新的新歌速递、最详尽的媒体榜单等,这些榜单都是由电台 DJ 投票、网友投票、直播互动听众投票得到的,综合了众多听众的口味及喜好,把听众最喜欢的歌曲选出来列在最前面,单击即可收听。在百度音乐排行榜中,榜单主要有以下几个,如图 6-3 所示。

3. 歌手

在百度音乐中拥有最全最大的全部歌手库,华语、欧美、日韩歌手一应俱全。

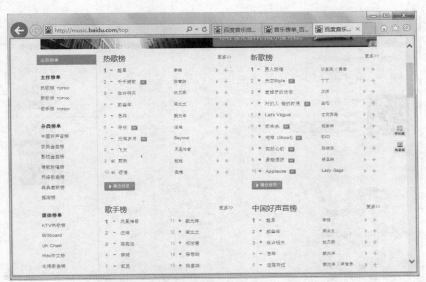

图 6-3 音乐榜单页面

方便快捷的歌手分类索引，全部歌手、热门歌手、最新歌手全面展现。一点即播的音乐体验，为用户提供了最方便的服务。例如，老年人喜欢阎维文、彭丽媛、郭兰英、宋祖英等老一辈歌唱家的歌曲，可以通过他们的名字找到他们的歌曲。找到歌手的名字有两种方法：一种是搜索；另一种是通过首字母找到。下面以郭兰英老师为例，来搜索一下她的歌曲。

（1）搜索。在歌手页面最上方搜索的输入框中输入"郭兰英"三个字，输入完成后，在名字的下面还会出来一个下拉框，显示歌手郭兰英以及她的一些经典歌曲。单击【百度一下】，即可进入到歌手郭兰英的页面，如图 6-4、6-5 所示。

图 6-4 搜索歌手页面

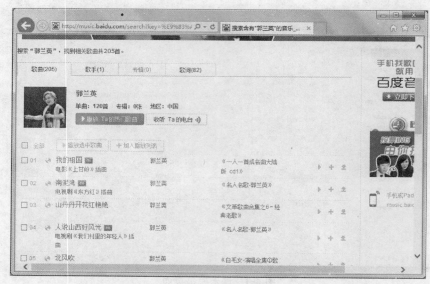

图 6-5　郭兰英页面

　　从这个页面可以看到,郭兰英老师的经典曲目都列了出来,可以在【全部】前面的方框中打勾,点击【播放选中歌曲】就可以全部收听了;也可以只在自己喜欢的歌曲前面的方框中打勾,然后点击【播放选中歌曲】,就可以听到动听的歌曲了;或者把自己喜欢的歌曲都加入播放列表,就可以一起收听了,如图 6-6 所示。

图 6-6　播放歌曲页面

　　(2)通过首字母进行搜索。在歌手页面,列出了歌手的首字母索引,用户可以根据歌手的首字母找到相应字母,然后单击进入该字母页面,找到喜欢的歌手。比如郭兰英的首字母是"G",单击"G",就可以找到"郭兰英"链接,单击"郭兰英"

就可以进入到关于郭兰英的页面了,如图 6-7、图 6-8 所示。

图 6-7　首字母索引页面

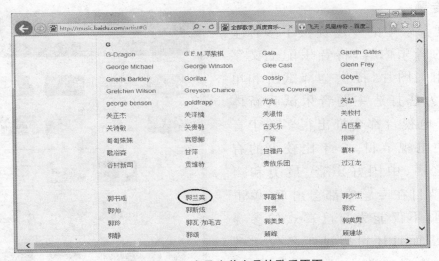

图 6-8　以 G 字母为首字母的歌手页面

后面的操作就都一样了,进入歌手的页面以后,选择喜欢的歌曲进行播放就行了。

4. 分类

百度音乐的歌曲分类为大家提供了不同的类别,用户可以根据需要在不同的类别下选歌,如图 6-9 所示。

另外,在这个页面的"主题"分类中,有一个"儿童有声读物",是新增添的功能,老年朋友们家里有小孙子的,可以单击这个链接,让小朋友们听到大量的儿童故事。

图 6-9　分类页面

5. 专题

百度音乐中的专题提供了多种主题风格的音乐内容,将音乐配上文字介绍和相关图片,提供全部试听和单曲试听,为您打造主题音乐试听新体验。每年电视台都会推出很多关于音乐比赛的电视节目,今年比较火的有中国梦之声、中国好声音、最美和声等,这些节目在专题中都会出现,单击这些专题,不仅能为自己喜欢的参赛选手投票,而且还可以试听各位学员在节目中演唱的歌曲,让大家回顾比赛过程和盛况。

另外,还有独家策划、情感主题、节日旋律、人物周刊、影视之歌、精彩演出和合作专区等众多专题,用户可以选择自己喜欢的内容观看和收听,如图 6-10所示。

图 6-10　专题页面

6. 歌单

百度音乐歌单提供了不同"曲风流派、心情感受、主题场合"的歌曲精选集,正能量、经典、摇滚、中国风、感动、爱情、伤感、DJ 等，用户可以通过歌单体会不同的音乐，如图 6-11 所示。

图 6-11　歌单页面

7. MV

百度音乐除了这六个和音乐相关的模块，还有一个最新的"MV"功能。此模块提供了大量的视频资源，主要是最新的一些音乐视频，为用户提供最完美的观看体验。

单击这个模块中的任何一个链接，可以直接链接到爱奇艺视频，体会不同的音乐视频享受，如图 6-12 所示。

图 6-12　MV 页面

那么,在百度音乐中的歌曲是如何播放的呢? 在此,向用户介绍一下百度音乐专有的播放工具——百度音乐盒。

百度 MP3 音乐盒,诞生于 2006 年底,作为 MP3 搜索的辅助功能,可以免费在线连续试听歌曲,无须考虑链接的选取,只需要直接键入想听的歌曲,或者直接单击想要听的歌曲即可。

用户可以通过列表管理、添加歌曲等功能来组织自己的线上歌曲播放列表。总而言之,其优化了在线和电脑软件的优点。

百度音乐盒的主要特色在于自动选取链接、与榜单家族相结合的两大功能,旨在简化在线 MP3 音乐播放流程,成为网友"聪明的在线 mp3 播放管家"。

百度音乐盒的杀手锏之一是能够"智能化"选取速度稳定的试听链接。为进一步优化网友使用体验,解决网上听歌速度问题,"音乐盒"会根据百度的评测体系,为用户自动挑选链接速度和质量都相对较好的链接,并且实时进行检查,确保没有死链出现。

百度另一大杀手锏是与百度 mp3 榜单家族相结合,成为用户在线听歌的"聪明管家"。说它聪明,是因为它能给用户推荐当下最红的 mp3。

百度的 mp3 榜单家族本身就是根据网友的搜索量自动形成的榜单,如 top 500、新歌 top100 等榜单,都集中反映了网友的音乐兴趣和热点。周更新的"中文金曲榜",一经推出就颇受关注,多家唱片公司均以新歌在该榜上占有一席之地为荣。而如今,用户只需要在音乐盒中单击百度"中文金曲榜",就能批量导入最红的这 10 首歌曲,"管家"就会依次播放,和听 CD 一样方便。

百度音乐盒这一"管家"还忠诚服务个人,它能帮助你在线收藏多个自己喜爱的歌曲列表,还能增加、删除和编辑列表等,在线听歌从此变得和在自己电脑上听歌同样简单方便。百度音乐盒的界面如图 6-13 所示。

图 6-13　百度音乐盒界面

下面通过一个小例子来演示一下如何能够在百度音乐中找到喜欢的歌曲。

例如，老年人都喜欢听一些老歌，喜欢让孩子们常回家看看、多陪陪老人，那就来找一首"常回家看看"，在歌声中享受亲情。

步骤1：首先在搜索栏中，输入"常回家看看"，单击【百度一下】按钮，如图6-14所示。

图6-14 搜索"常回家看看"

步骤2：进入到搜索结果页面，看到搜索出了各个版本的"常回家看看"，单击想要听的版本前面的小方框，然后单击【播放选中歌曲】，就可以欣赏到歌曲了，如图6-15所示。

图6-15 "常回家看看"搜索结果页面

步骤3：单击【播放选中歌曲】即可打开百度音乐盒进行播放，如图6-16所示。

图6-16　百度音乐盒播放结果

在百度音乐盒中可以看到，在最左边的区域显示临时列表、播放记录、我最常听，都可以把听过的歌曲或者正在听的歌曲记录在列表中，以便再次收听。中间区域显示播放列表中的所有歌曲，想听哪一首，就可以点击前面的小方框进行播放，最下面还可以收藏、添加、删除、批量下载。最右边的区域会显示演唱这首歌的歌手信息，以及歌曲的歌词，以便想学歌的朋友能够更快地学习。

在整个百度音乐盒的最下方是播放控制，可以前进、后退，还可以播放、暂停、调节音量等，如图6-17所示。

图6-17　播放控制

6.1.2　使用QQ音乐欣赏音乐

现在的老年人也非常时尚，经常用QQ聊天。QQ音乐是腾讯公司推出的网络音乐平台，是中国互联网领域领先的正版数字音乐服务的领先平台，同时也是一款免费的音乐播放器，始终走在音乐潮流的最前端，向广大用户提供方便流畅的在线音乐和丰富多彩的音乐社区服务。海量乐库在线试听、卡拉ok歌词模式、最流行新歌在线首发、手机铃声下载、超好用音乐管理，绿钻用户还可享受高品质音乐试听、正版音乐下载、免费空间背景音乐设置、MV观看等特权。

QQ音乐最方便的是可以即时打开QQ音乐播放框进行播放，在工作中可以享受美妙的音乐。

如果电脑上安装了 QQ，QQ 上线以后即可找到 QQ 音乐，如图 6-18 所示。

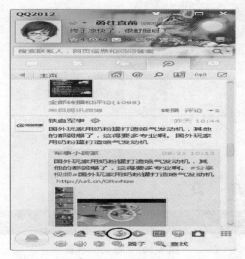

图 6-18　QQ 界面

在 QQ 界面上，单击 QQ 音乐的图标，如果安装了 QQ 音乐，则可以直接进入到 QQ 音乐的播放界面；如果没有安装 QQ 音乐，则首先要进行安装，这时候就会弹出一个界面提示安装，如图 6-19 所示。

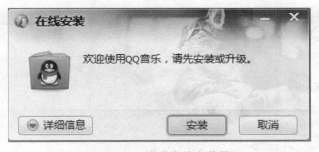

图 6-19　QQ 音乐在线安装界面

直接单击"安装"就可以开始安装了。在安装的过程中，一直单击下一步即可。安装过程非常简单，安装完毕以后，再次单击 QQ 音乐的 图标，就可以直接打开 QQ 音乐的界面了，如图 6-20 所示。

在 QQ 音乐的音乐馆和乐库中，提供了大量和百度音乐类似的功能，例如，排行榜、主题、淘歌、歌手、心情等，根据不同的模块对音乐进行了不同的分类。同样，无论在哪个类别中找到自己喜欢的歌曲，单击链接，都可以在 QQ 音乐播放器中进行播放，在这里就不一一赘述了。在此，介绍几个 QQ 音乐常用的功能。

图 6-20　QQ 音乐界面

1. 搜索功能

在 QQ 音乐中，可以随时搜索想要听到的歌曲。例如，搜索"常回家看看"这首歌，可以直接在搜索输入框中输入"常回家看看"几个字，然后单击搜索的标志，就可以搜索到歌曲了，如图 6-21 所示。

图 6-21　搜索歌曲页面

搜索到了想要找的歌曲以后，在右边的结果处，单击耳机形状的【播放】按钮，就可以欣赏到好听的歌曲了。

2. 试听列表

所有听过的歌曲,在试听列表中都会出现。在旧版本的 QQ 音乐中,有"随便听听"的功能,但是随便听听的缺点在于随机出现的歌曲中,有的可能不太喜欢,随机性比较强。在新版本的 QQ 音乐中,这个功能取消了,用户可以通过单击【乐库】,在里面选择自己喜欢的歌曲、分类和专辑,找到自己喜欢的类别,并把这个类别添加到试听列表中,这样就可以一首首的按顺序收听了,如图 6-22 所示。

图 6-22　试听列表界面

在试听列表中,不喜欢听的歌曲就可以直接选中该歌曲,单击右键,删除就可以了。如果想选择多首删除,就可以选中第一首歌曲,然后按住【shift】键,再选择最后一首歌,这样就可以把所有的歌曲选中,直接点删除就可以了。

3. 我的歌单

QQ 音乐的"我的歌单"功能能以创建多个不同歌单的方式将喜欢的音乐分类收藏,非常人性化,想听哪一类别的歌曲,直接进入到"我的歌单",选择该类别的歌曲进行播放就可以了。这个功能省去了很多时间去重新选择歌曲,只要把听过的歌添加到歌单里,下一次就可以直接播放了。下面介绍如何创建歌单,并把歌曲保存到歌单里。

步骤 1. 单击左侧的"我的歌单",进入到歌单分类,如图 6-23 所示。

步骤 2. 进入"我的歌单"以后,可以看到已经有一个歌单——我喜欢。这个歌单是 QQ 音乐自带的,可以把喜欢的歌曲添加到这个歌单里面。但是喜欢的歌曲可能有多种类型,还需要进一步的分类,所以可以添加歌单。

图 6-23　我的歌单界面

　　单击新建歌单,在输入框中输入新建歌单的名字,新的歌单就建好了,用户可以把喜欢的歌曲添加到这一类别的歌单中,如图 6-24 所示。

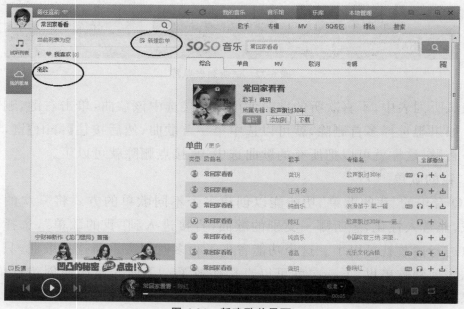

图 6-24　新建歌单界面

　　步骤 3. 建立了歌单以后,单击"试听列表",选中要添加到歌单的歌曲,单击右键,选择"添加到"-"老歌",就可以把这首歌曲添加到新建的歌单里面了。如果想要把这首歌曲添加到一个新的歌单中,也可以选择"添加到"-"添加到新歌单",

就可以新建立一个歌单,并把歌曲添加到新建的歌单中了,如图 6-25 所示。

图 6-25　添加到歌单

步骤 4. 在歌单中,还有很多功能可以使用,如图 6-26 所示。选中一个歌单,单击右键,第一个功能是"播放",单击"播放"功能以后,可以按顺序播放此歌单中的所有歌曲。接下来的功能有"新建歌单"、"删除歌单"和"重命名",用户可以通过单击进行相应的操作。

图 6-26　歌单的功能

QQ 音乐除了这几个常用的功能模块以外,针对每一首歌,还有自己独特的功能。单击选中的歌曲,通过单击右键,会出现一个下拉列表,里面是所有对歌曲的操作，如图 6-27 所示，分别把主要功能标注了数字，下面对这几个功能进行介绍。

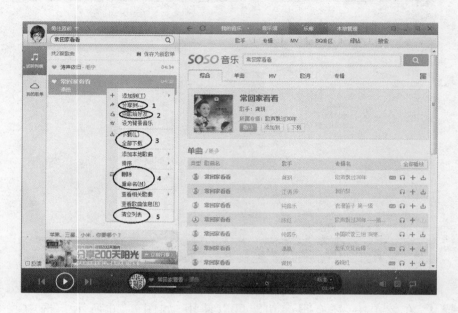

图 6-27　歌曲的功能列表

（1）分享。选中的歌曲可以和 QQ 好友进行分享，建立分享以后，好友就可以在你的空间、朋友网或微博中看到了。单击【分享到】以后，就会出现分享的设置框，如图6-28所示。

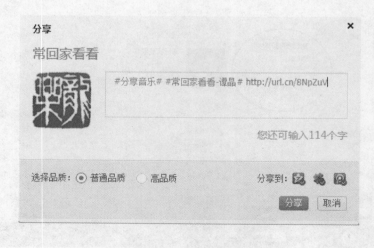

图 6-28　分享设置框

单击【分享】即可分享成功。

（2）点歌。可以通过【点歌给好友】功能给好友点歌，好友即可即时收听。单

击【点歌给好友】,然后选择好友或者群,单击【发送】,点歌就成功了,如图 6-29
所示。

图 6-29 点歌设置框

(3)下载。可以单击【下载】或【全部下载】对歌曲进行下载,选择一个指定的
存放路径即可。

(4)删除和重命名。可以选中歌曲进行删除,也可以进行重命名。

(5)清空列表。单击【清空列表】,试听列表中的所有歌曲都删除掉了,可以再
添加新的歌曲。

总而言之,QQ 音乐提供了丰富的音乐资源、音乐的即时播放,还可以和好
友一起分享和点歌,是一款小巧玲珑又好用的音乐工具,深受众多 QQ 用户的
喜爱。

6.1.3 音乐网站

在 IE 的输入栏输入 www.baidu.com,可以在百度的搜索框中输入"音乐网
站",搜索出众多的音乐网站,如图 6-30 所示。

单击"音乐网址推荐_音乐大全_hao123 音乐"的链接,就会进入所有音乐网
站的海洋。在这里,单击任何一个网站的链接,都可以进入到音乐的世界。所有
这些音乐网站都提供了和百度音乐相类似的功能,如音乐排行榜、音乐分类、歌手
分类,以及音乐的即时播放等。最重要的是,都提供了搜索功能。通过搜索,用户
可以找到需要的任何类型的音乐。

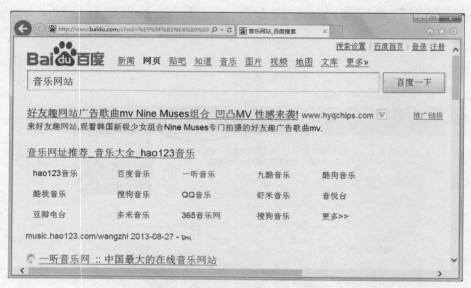

图 6-30　音乐网站大全

6.1.4　下载 MP3 音乐

下载 MP3 音乐非常简单,搜索到的每首歌都提供了下载的功能。下面就介绍过的几种音乐收听形式进行介绍。

1. 百度音乐

搜索到任何想要搜索的歌曲以后,进入到歌曲列表,直接单击【下载】按钮,就可以进行下载了,如图 6-31 所示。

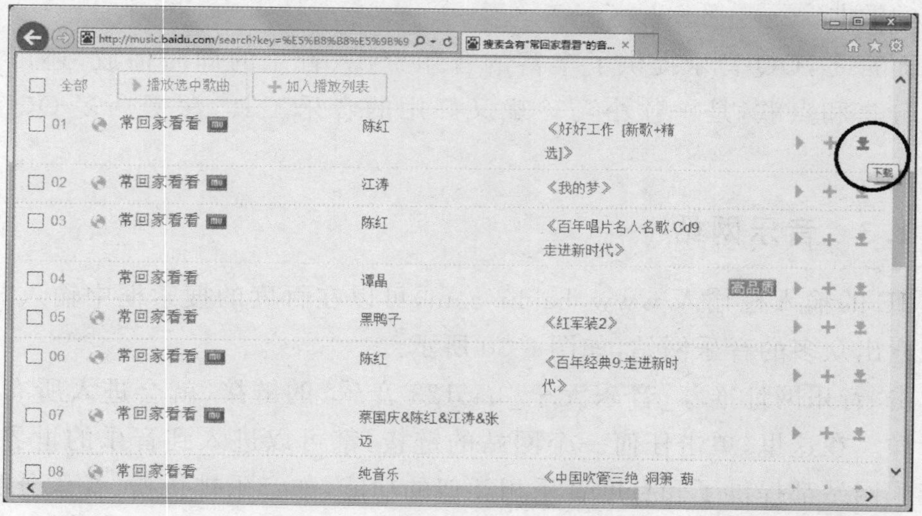

图 6-31　【歌曲下载】按钮

单击【下载】按钮以后，进入到下载页面，如图 6-32 所示。

图 6-32 歌曲下载页面

在这个页面中，提供了 3 种下载方式：下载、下载手机客户端和安装百度音乐 PC 版，直接单击【下载】按钮即可。这时候会弹出一个对话框显示所下载的歌曲，直接单击【下载】，就可以下载到本地文件中，如图 6-33 所示。

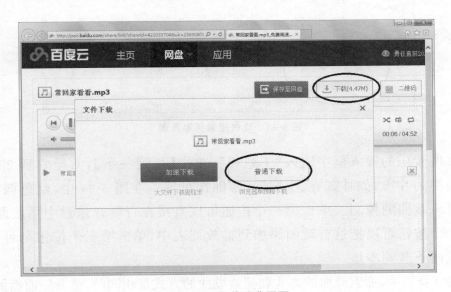

图 6-33 下载歌曲页面

2. QQ 音乐

在 QQ 音乐中，下载歌曲更为简单。在试听列表中，选中想要下载的歌曲，直接单击下载就可以了。这个功能在前面已经介绍过，在此不再赘述。

6.2　网上欣赏戏曲

6.2.1　在线欣赏戏曲

在音乐网站中，无论是歌曲还是戏曲，都是以 MP3 格式来提供的，所以前面所介绍过的所有听歌的方式都适应于戏曲。下面举个小例子，来看看怎么找到想要听的戏曲吧。

下面将以搜索于魁智老师的经典名段为例，介绍如何在线欣赏戏曲，如图6-34所示。

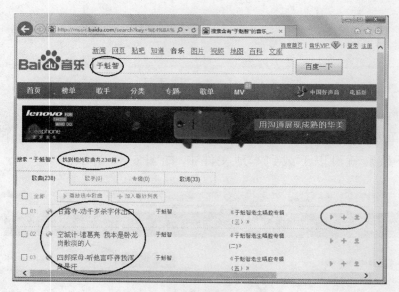

图 6-34　戏曲搜索结果页面

在百度音乐的输入框中输入"于魁智"，单击【百度一下】，共搜索到 238 首于魁智所演唱的片段，如甘露寺、空城计、四郎探母等。在图 6-34 中，红色椭圆所标注的是对该戏曲的控制。单击第一个按钮可以直接在百度音乐盒中播放此戏曲；单击第二个按钮可以把这首戏曲添加到播放列表中，单击第三个按钮则可以直接把这首戏曲下载到本地。

在 QQ 音乐中，搜索戏曲的方式和搜索歌曲的方式是相同的，请参照前面的讲述。

6.2.2　戏曲网站

戏曲网站有很多，在百度搜索中搜一下就可以知道，有中国戏剧网、中国戏曲网、爱戏曲网等，这些网站都提供了大量的各个剧种的视频及相关资讯，通过网站可以收看到众多戏曲的视频,欣赏美妙的戏曲世界。在这些网站中,爱戏曲网站免费提供各种剧种的视频欣赏,如京剧曲库、京剧名段欣赏、河南豫剧、豫剧全场戏、越剧视频、晋剧全本、曲剧大全、黄梅戏大全、东北二人转以及各剧团的演出视频等,是中国第一家免费的综合戏曲欣赏网站。

　　爱戏曲网的网址是 www.aixiqu.com,在 IE 网址栏输入网址,即可进入网站首页,如图 6-35 所示。

图 6-35　爱戏曲网站

　　首先,网站中提供了搜索的功能,用户可以找到自己想要欣赏的戏曲片段。例如,要搜索"四郎探母",就可以直接在网站首页的搜索框中输入"四郎探母",单击搜索,就可以找到所有和"四郎探母"有关的结果了。在此,共找到了 24 条结果,如图 6-36 所示。

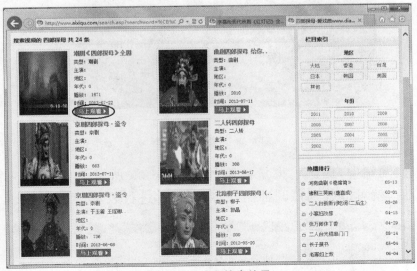

图 6-36　戏曲搜索结果

单击图 6-36 中的"马上观看"按钮，就可以进入到该视频的简介页面。单击视频链接，就可以进入到视频页面进行欣赏了，如图 6-37、图 6-38 所示。

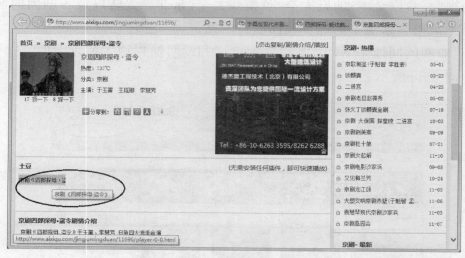

图 6-37 结果简介界面

图 6-38 视频播放页面

在爱戏曲网站中，提供了大量的剧种，如图 6-39 所示。喜欢哪一个剧种，单击该剧种以后，就可以找到该剧种的众多视频，并进行收看。

图 6-39 爱戏曲网剧种

6.2.3　下载戏曲片段

对戏曲进行下载的过程和前面介绍的下载歌曲的过程是完全一样的,只要搜索的是戏曲名称就可以了。下面以 QQ 音乐进行说明。

步骤 1. 打开 QQ 音乐,在输入框中输入"四郎探母",得到搜索结果,如图 6-40所示。

图 6-40　搜索"四郎探母"

步骤 2. 单击【下载】,进入到如图 6-41 所示的界面。

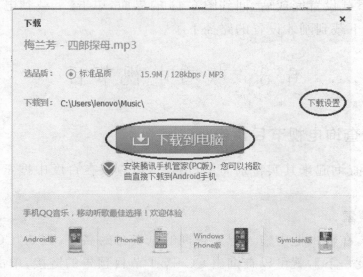

图 6-41　戏曲下载界面

步骤 3. 单击图 6-41 的【下载设置】按钮,可以对下载的一些参数进行设置,如图 6-42 所示。

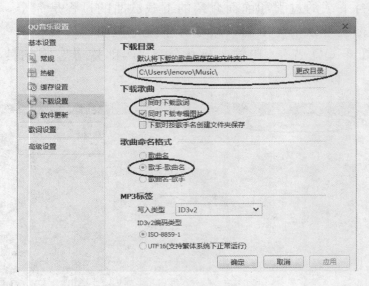

图 6-42　下载设置界面

在设置过程中,主要有 3 个方面需要设置。首先设置下载目录可以通过更改目录来设置下载到本地硬盘上的位置;设置下载歌曲的时候,是否同时下载歌词,是否同时下载专辑图片,是否下载时按歌手名创建文件夹保存,如果需要,在小方框画"√";如果不需要,则不画。还要设置歌曲的命名格式,可以根据需要在前面的小方框前画"√"。设置完成后,单击【确定】即可。

步骤 4. 下载设置完成后,回到图 6-41 的界面,单击【下载到电脑】按钮,就可以把戏曲片段下载到刚才设置的路径下了。

6.3　收看电视节目

6.3.1　查询电视节目预告

电视节目查询起来其实特别简单,用户可以直接在百度中搜索。在这里介绍两种方法。

1. 百度搜索

打开百度,在输入框中输入想要查询的电视台的名字,例如"CCTV-1 节目预告",单击【百度一下】,就可以查询出 CCTV-1 节目预告的链接,单击链接,就可以看到 CCTV-1 的节目预告了,如图 6-43、图 6-44 所示。

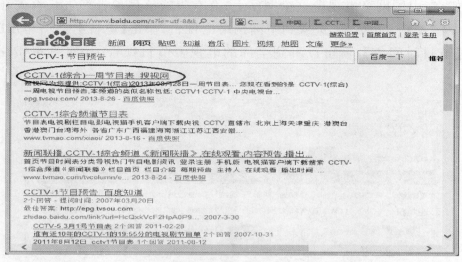

图 6-43　搜索节目预告

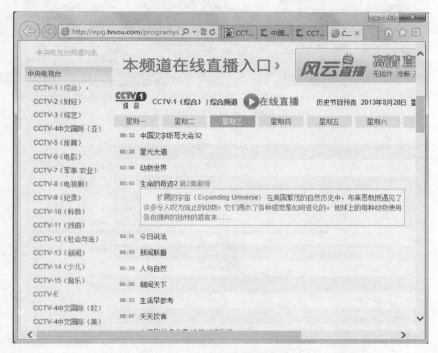

图 6-44　CCTV-1 节目预告页面

　　这种方法比较直接,想要搜索哪个电视台的节目预告,直接输入百度就可以了。

2. 网站节目预告

　　有一些专门的网络电台提供了各个电视台的节目预告,用户可以通过进入网络电台查看电视台的节目预告。

例如,在中国网络电视台这个网站上,有专门的节目预告列表。首先在 IE 的地址栏中输入 tv.cntv.cn,进入到中国网络电视台,单击【电视】,然后单击【电视】里面的【节目时间表】,就可以看到全部的电视台节目预告了,如图 6-45、图 6-46所示。

图 6-45　电视-节目时间表

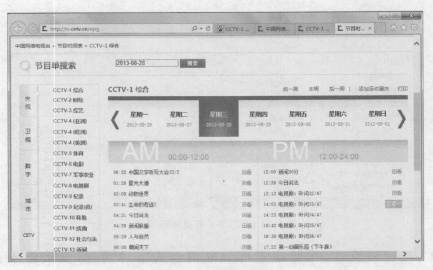

图 6-46　节目时间表页面

6.3.2　网络电台

　　网络电台把传统意义上的电台搬到了网上,在此介绍一个最全面的网络电视台——中国网络电视台。中国网络电视台是中国国家网络电视播出机构,是以视听互动为核心、融网络特色与电视特色于一体的全球化、多语种、多终端的网络视频公共服务平台。中国网络电视台的网址是 tv. cntv. cn。

　　打开中国网络电视台,可以进入到其首页。该网站提供了大量的电视资源,用户可以收看到各个电视台播出的节目。例如,电视栏目里有直播中国、电视频道、电视节目、主持人、搜视指南、节目时间表等;电影栏目里有高清电影、微电影、喜剧、动作、片花、专题策划、电影栏目、第 10 放映室等;电视剧栏目有高清电视剧、首播剧场、黄金档剧场、精选剧场、情感剧场、电视剧 HOT 榜、原创栏目戏中人等;动画片栏目中有高清动画、央视热播、亲子、怀旧、动画电影等;纪录片栏目中有历史、军事、人物、探索、社会、专题、获奖纪录片等。

　　以 CCTV-1 为例,在首页中单击"CCTV-1",可以进入到央视 1 频道的电视台直播,如图 6-47 所示。

图 6-47　单击 CCTV-1

　　进入到 CCTV-1 的综合直播页面后,可能无法正常播放,这时会出现提示信息,如图 6-48 所示。

　　这是因为中国网络电视台的视频播放要安装 CNTV 播放器才可以播放,所以单击图 6-48 中提示部分的黄色字—— CNTV 播放器手动安装包,可以进入到 CNTV 播放器的下载界面,直接下载安装即可,和所有软件的安装过程是一样的。安装完毕以后,就可以看到电视台正在播放的电视节目了,如图 6-49 所示。

图 6-48　CNTV 播放器未安装

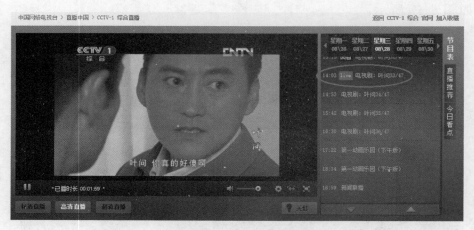

图 6-49　电视节目直播

6.3.3　使用 PPLive 看网络电视

PPTV 网络电视又称 PPLive,是由上海聚力传媒技术有限公司开发运营的在线视频软件,它是全球华人领先的、规模最大、拥有巨大影响力的视频媒体。

要想收看 PPTV 网络电视,首先用户要在官网下载 PPTV 网络电视并安装。在百度中搜索"pptv 官方下载",可以搜索到下载网址,如图 6-50 所示。

单击【立即下载】,即可把 PPTV 网络电视的安装包保存到本地磁盘。安装以后,就可以使用 PPTV 了。

PPTV 主要包括两个功能模块:播放器和节目库。

1. 播放器

播放器主要是播放视频,无论是电视节目、电影等,单击链接都可以直接在播放器中进行播放,如图 6-51 所示。

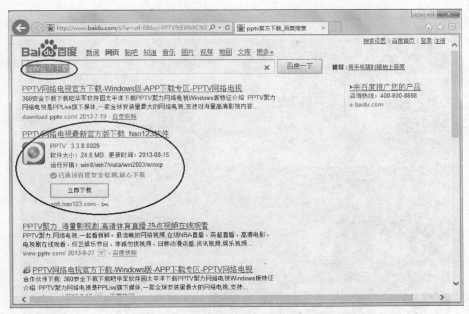

图 6-50　搜索 PPTV 网络电视

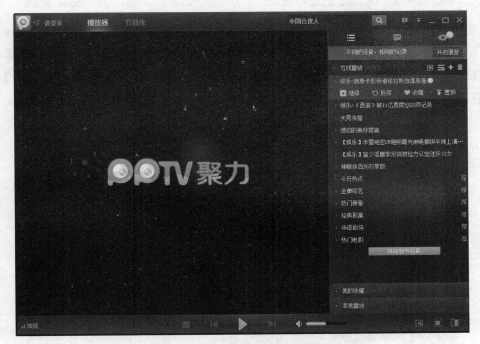

图 6-51　PPTV 网络电视播放器

在播放器中,左边是播放窗口,右边是所有的视频节目。

2. 节目库

节目库中提供了众多的视频:电影、电视剧、动漫、综艺、热点、体育、亚娱等,还提供了音乐、游戏、视频新闻等多种内容,直接单击节目库中的节目,就可以在播放器播放了,如图 6-52 所示。

图 6-52　PPTV 网络电视节目库

在 PPTV 中,也提供了搜索功能。例如,想要搜索"中国合伙人"这部电影,直接在输入框中输入"中国合伙人",单击搜索图标即可。单击【马上观看】按钮,就可以看到热门的电影了,如图 6-53 所示,播放结果如图 6-54 所示。

图 6-53　搜索电影

图 6-54　播 放 电 影

3. 下载电影

PPTV 有下载功能，用户可以提前把电影、视频等下载到本地计算机，这样就可以在没有网络的情况下随时观看，但是下载前必须先登录。

步骤 1. 打开 PPTV，选择想要下载的电影，跳到图 6-55 的页面，鼠标左键单击【下载】按钮。

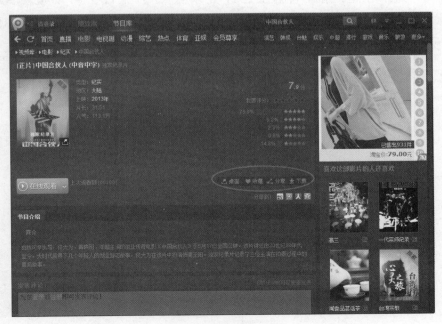

图 6-55　下载电影页面

　　在红色的椭圆圈起来的部分,有 4 个功能,第一个是桌面可以把这个电影的快捷方式放到桌面上,以便有更新时会及时提醒;第二个是收藏,可以收藏起来,以便再一次观看,在播放器页面的"我的收藏"里可以找到;第三个和第四个功能是分享和下载,必须登录以后才能完成这两个功能。分享和前面所介绍的音乐的分享是一样的,单击【分享】以后,可以把这个影片和 QQ 上的好友一起分享,这样朋友们也可以看到了。

　　步骤 2. 单击【下载】按钮,如果还没有登录的话,则会直接进入到登录页面。不需要注册,直接选择 QQ 号,用 QQ 号登录 PPTV,其他的也行,如图 6-56 所示。

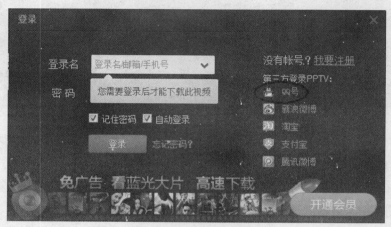

图 6-56　PPTV 登录界面

　　步骤 3. 如果在这之前,电脑上已经登录好 QQ,软件会自动检测到,不用再输 QQ 帐号和密码。如果没有,就必须输入 QQ 帐号和密码,此例中 QQ 已经先登录了,所以直接跳到图 6-57 的页面。

图 6-57　QQ 登录 PPTV

步骤 4. 登录以后,就跳转到了新建下载任务页面,如图 6-58 所示。如果没有开通 VIP,是不能下载超清视频的,只能下载高清版和流畅版视频。此时,单击【立即下载】即可。

图 6-58　新建下载任务

步骤 5. 进入下载管理界面,电影下载就开始了。在下载过程中可以开始、暂停,还可以删除,并且可以设置定时关机,如图 6-59 所示,当进度条达到 100% 时,即表示下载完成。

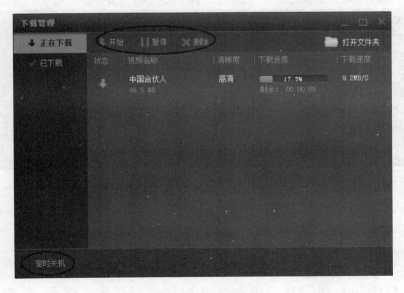

图 6-59　下载管理

6.4 欣赏网络影视

网络影视能免费提供高清影视视频在线观看、下载、网络休闲娱乐等,致力于给广大的互联网用户带来最丰富最精彩的娱乐内容。第一时间更新优质片源,有高清电影、电视剧连载、动漫、综艺、体育、音乐、纪录片、新闻资讯等多个栏目,支持准视频点播,支持 BT 点播,支持 P2P 下载。

6.4.1 在线看电影和视频

网络在线看电影和视频,主要有以下 3 种方式.

1. 专门的影视网站

在百度中搜索"影视网站",可以搜索到很多的影视网站。提供资源比较丰富的有电影网、360 影视、hao123 影视。在这些网站中,都提供了大量的电影、电视剧和视频,单击即可直接播放。下面以 360 影视为例进行介绍。

步骤 1. 在 IE 地址栏中输入 v.360.cn,进入 360 影视。

图 6-60 360 影视首页

步骤 2. 在 360 影视中,所有的电影或视频资源都可以单击直接播放,也可以在搜索输入框中输入想要找的电影或者视频进行搜索。例如,要搜索《康熙王朝》,直接输入后单击【搜索】即可,如图 6-61 所示。

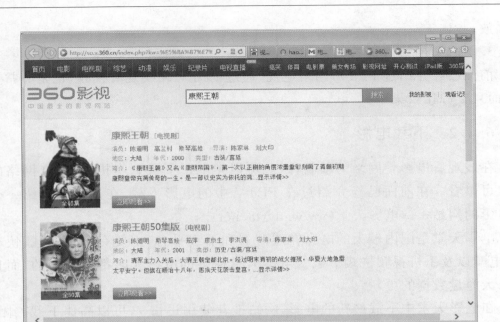

图 6-61　搜索电影结果

步骤 3. 单击【立即观看】按钮，即可观看电视剧《康熙王朝》，如图 6-62 所示。

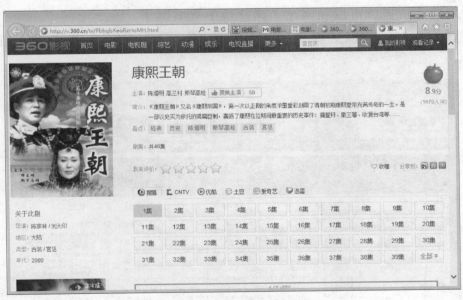

图 6-62　《康熙王朝》播放页面

2. 专门的视频网站

热门的视频网站有优酷网（www. youku. com）、土豆网（www. tudou. com）、爱奇艺（www. iqiyi. com）、搜狐视频（tv. sohu. com）、腾讯视频（v. qq. com）、PPTV（www. pptv. com）等，这些网站都提供了大量丰富的网络资源，可以直接点

击播放。

3. PPTV 网络电视

前面已经介绍过 PPTV 网络电视,通过 PPTV 在线观看视频,也是非常方便的,而且资源比较集中。

6.4.2　下载电影

在线观看电影受网络的限制,因此可以把电影下载到本机上,没有网络的时候也可以看。在前面已经介绍过在 PPTV 中的电影下载,在这里再介绍一个下载电影的网站——电影天堂(www. dytt8. net)。

电影天堂是国内较大的电影在线观看和下载平台,主要有迅雷下载、快车下载、电驴以及手机视频格式下载。电影天堂提供的电影大多都是高清的,而且保持每天海量数据的更新。

在电影天堂中下载最新的电影,网站推荐使用迅雷 7,可以高速下载。因此,电脑上要先安装迅雷 7(http://soft. hao123. com/soft/appid/16003. html,在这个网址上,有迅雷 7 的官方下载),才能顺利地下载电影。下载了迅雷 7,在本机上进行安装,安装过程和安装其他软件一样,直接单击下一步即可,不需要特殊的设置。安装完成后就可以在网站上高速地下载电影了。

步骤 1. 在 IE 的地址栏中输入 www. dytt8. net,进入电影天堂,如图 6-63 所示。

图 6-63　电影天堂首页

步骤 2. 电影天堂中提供了各个分类,用户可以从不同类别中找到不同的视频进行下载。在首页的中间，是"2013 新片精品"，这些最新电影都提供了下载链接。例如，下载 2013 年科幻片《惊天动地》，中英文双字幕，直接单击链接即可，如图 6-64 所示。

图 6-64　电影下载链接

　　步骤 3. 进入到该影片的页面后，上面是对该影片的介绍，而且还有该影片的截图，使大家对该影片有个大概的了解，最下方则提供了下载链接，如图 6-65 所示。

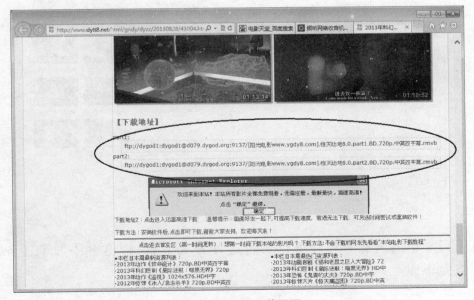

图 6-65　电影下载页面

步骤 4. 单击链接以后，进入新建下载任务的界面，如图 6-66 所示。

图 6-66　新建下载任务

在这里，用户可以通过自定义来选择影片保存路径，设置好以后，单击【立即下载】即可。这时候两个任务都添加到了迅雷正在下载的列表中，等待下载完成就可以了，如图 6-67 所示。

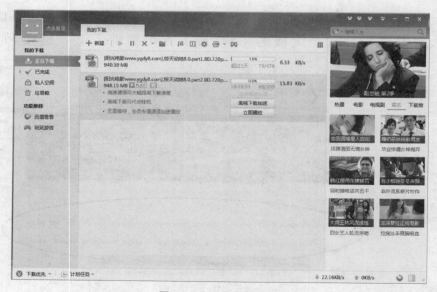

图 6-67　迅雷下载列表

电影天堂中的所有影片都可以通过这种方式下载，给迅雷添加了任务以后，等着下载完毕即可。

6.5　收听广播

网络除了提供大量的视频以外，还提供了在线收听广播电台，不需要收音机就可以收听广播电台。

6.5.1　使用网络收音机听广播

其实，网络中提供了众多的收听广播的网站，有在线收听的，也有下载到本地进行收听的。在线收听比较常用的有倾听网络收音机；下载到本机收听的有龙卷风网络收音机、猎鹰网络收音机、豆瓣 FM、酷狗收音机等。

1. 倾听网络收音机

在 IE 地址栏中输入 www. qingting. com，进入倾听网络收音机，找到自己喜欢收听的电台，单击链接，就可以播放了，如图 6-68 所示。

图 6-68　倾听网络收音机

另外，倾听网络收音机还提供了桌面版下载，单击下载以后，就可以把收音机放到桌面上，随时可以收听。

2. 猎鹰网络收音机

猎鹰网络收音机的下载地址是：http://dl. pconline. com. cn/download/352914. html，把软件下载下来以后进行安装，就可以把猎鹰网络收音机放到桌面上了，以便随时收听，如图 6-69 所示。

双击收音机的图标，就可以进入到猎鹰网络收音机的界面了，如图 6-70 所示。

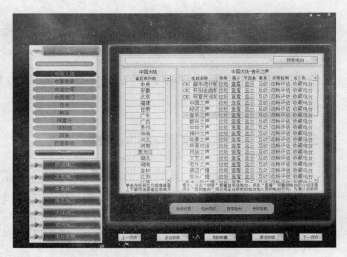

图 6-69　猎鹰网络收音机图标　　　　　图 6-70　猎鹰网络收音机界面

从界面可以看出,猎鹰网络收音机不仅提供了国内的众多电台,而且还提供了国外的电台,可以进行系统设置、电台同步、搜索电台和提供帮助,可以选择上一项目和下一项目,可以显示正在收听的电台,可以把收听过的电台加入到我的收藏,还可以显示最近收听的电台。

例如,现在要收听中国大陆的音乐之声,直接单击此电台,就可以收听到了,如图 6-71 所示。

图 6-71　收听界面

6.5.2　在线收听相声和评书

在线收听相声和评书与在线收听音乐是一样的,可以通过百度音乐或者 QQ 音乐,在搜索栏中搜索"郭德纲",就可以得到郭德纲的相声;搜索"单田芳",就可以收听到单田芳的评书。另外,还有一些专门的评书网和相声网,如中国评书网,就提供了大量经典的评书和相声,供大家在线收听。

步骤 1. 在 IE 地址栏中输入 http://www.zgpingshu.com/index.html,可以进入到中国评书网,如图 6-72 所示。

图 6-72　中国评书网

网站上提供了大量丰富的资源。有著名评书表演艺术家单田芳、袁阔成、田连元、刘兰芳、连丽如的评书;还有百家讲坛、有声小说、相声小品、儿童故事和评书广播等。

步骤 2. 选择想要听的评书,如单田芳老先生播讲的"白眉大侠",直接单击【单田芳】,进入单田芳的页面,选择"白眉大侠"即可,如图 6-73 所示。

图 6-73　单田芳页面

步骤 3. 进入到白眉大侠的页面以后,可以直接单击在线试听,也可以进行下载。网页上提供了下载地址。单击在线试听以后,可以进入到白眉大侠的播放列表,单击任一集的链接,就可以收听评书了,如图 6-74、图 6-75 所示。

相声的收听过程和评书的收听过程是一样的,在此不再赘述。

图 6-74　白眉大侠收听页面

图 6-75　白眉大侠播放列表

第 7 章　QQ 空间、论坛、博客与微博

网络的迅速发展,使得人们的社会生活发生了巨大的变化,同时催生了各种网络交流平台,如论坛,博客及微博等。这些交流平台的出现,提供了分享观点、发布资料、讨论互动、公布信息等的网络社区,从而使人们获取相关信息更加及时。本章主要介绍了 QQ 空间、论坛、博客及微博的使用。

7.1　QQ 空间

QQ 空间(Qzone)是腾讯公司于 2005 年开发出来的一个个性空间,具有博客(blog)的功能,受到众多人的喜爱。在 QQ 空间上可以书写日志,上传自己的图片,听音乐,写心情,通过多种方式展现自己。除此之外,用户还可以根据自己的喜爱设定空间的背景、小挂件等,从而使每个空间都有自己的特色。这里主要以 QQ2013 为例来介绍 QQ 空间的常用操作。

7.1.1　开通 QQ 空间

用户要使用 QQ 空间所提供的交流展示功能,首先必须开通 QQ 空间,否则只有用户自己可以看到自己的空间,QQ 好友却不能访问。下面就来介绍如何开通 QQ 空间及其他操作。

步骤 1. 登录 QQ,在好友列表窗口上方可看到 QQ 空间的图标,如图 7-1 所示的五角星图标。

图 7-1　QQ 空间图标

步骤 2. 单击 QQ 空间图标,即可进入自己的 QQ 空间,如图 7-2 所示。在

QQ 空间上方可看到未开通 QQ 空间的相关提示。

图 7-2　未开通的 QQ 空间

步骤 3. 单击【立即开通 QQ 空间】按钮,进入【开通 QQ 空间】页面,如图 7-3 所示。在该页面中需要用户填写个人资料。

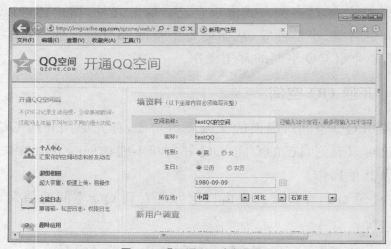

图 7-3　【开通 QQ 空间】页面

步骤 4. 完整填写个人资料后,单击页面下方的【开通并进入我的 QQ 空间】,会看到 QQ 空间开通成功的消息提示框,如图 7-4 所示。QQ 空间开通成功。

开通 QQ 空间之后,用户可以在 QQ 空间中撰写日志、上传照片、重新装扮自己的 QQ 空间等。好友也可访问用户的 QQ 空间,并对空间中的日志、照片等进行评论。用户还可通过自己的 QQ 空间来了解好友当前的动态。

7.1.2　撰写日志

QQ 空间中的日志就是在空间中写的文章,用户也可以在日志中上传照片,

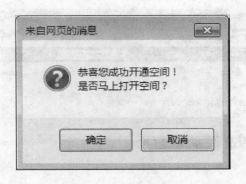

图 7-4　开通 QQ 空间成功后的消息提示框

通过日志，用户可发表自己的所看所想。在 QQ 空间中，撰写日志的具体操作如下。

步骤 1. 单击 QQ 空间图标，进入 QQ 空间后，在空间上方可看到如图 7-5 所示的【日志】超链接。

图 7-5　空间中的【日志】链接

步骤 2. 单击【日志】，可进入到日志页面，如图 7-6 所示。QQ2013 的日志分为【我的日志】、【私密日志】、【生活记录】、【记事本】和【好友日志】5 种。其中，【我的日志】对于好友来说是可见的，【私密日志】和【生活记录】只有本人可见，【记事本】主要用于做备忘，【好友日志】主要是向用户推荐的一些好友的热门文章。用户在使用时可有选择地使用日志分类。打开 QQ 空间后，默认的会进入到【我的日志】中。

步骤 3. 在【我的日志】中写日志时，可直接写日志，也可使用日志模板。要直接写日志，单击【写日志】按钮，即可进入到日志编辑页面，如图 7-7 所示。

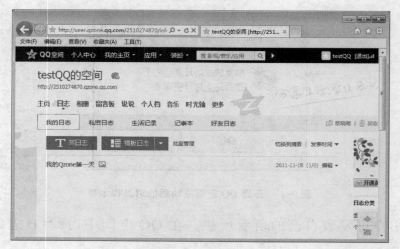

图 7-6　日志页面

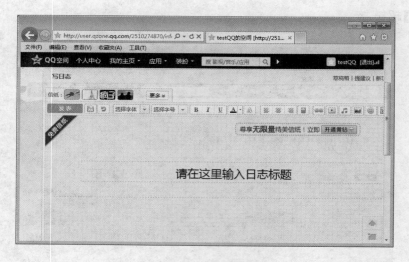

图 7-7　日志编辑页面

　　步骤 4. 在日志编辑页面中,单击【请在这里输入日志标题】的位置,输入日志标题,在标题下方的虚线下单击鼠标编辑日志正文。编辑完成后,可利用日志编辑区上方所提供的各种按钮更换信纸,改变日志正文的字体、字号、颜色等操作。编辑完成后的日志如图 7-8 所示。

　　步骤 5. 编辑完成后,在日志编辑区下方【权限】的位置可以设置日志权限,可选择公开、QQ 好友可见、指定好友可见、仅自己可见 4 种权限。设置完成后,单击【发表】按钮,即可发表日志,发表后的日志如图 7-9 所示。

　　对于公开发表的日志,所有 QQ 访客都可见,因此,其他 QQ 访客就可以对日志进行评论了。

图 7-8　编辑完成后的日志页面

图 7-9　发表后的日志页面

7.1.3　使用 QQ 相册

QQ 空间除了写日志外，另外一个常用的操作就是 QQ 相册的使用，使用 QQ 相册，用户可以将自己的照片上传到相册中，一是可以保存照片，二是可以和 QQ 好友分享自己的照片。下面主要来介绍如何往 QQ 相册中上传照片。

步骤 1. 单击 QQ 空间上方的【相册】超链接，即可进入【我的相册】页面中，如图 7-10 所示。

步骤 2. 单击相册页面中的【上传照片】按钮，即可进入到上传照片页面，如图 7-11 所示。

步骤 3. 选择照片有两种方法。

图 7-10　【我的相册】页面

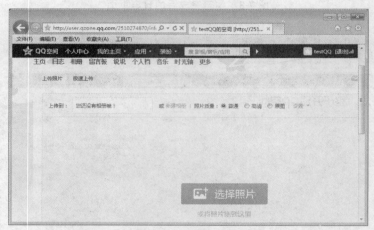

图 7-11　上传照片页面

方法一、单击【选择照片】按钮，打开【添加照片】窗口，如图 7-12 所示，从电脑

图 7-12　【添加照片】窗口

中选择要上传的照片。可以同时选中多张照片上传。选中照片后，在照片缩略图的左上角会出现选中的对勾标记。

选中要上传的照片后，单击【确定】按钮，则照片会添加到上传照片页面中，如图7-13所示。

图7-13 添加到上传照片页面中的照片

方法二、选中照片，单击鼠标不松开，直接将照片拖到上传照片页面中后松开鼠标，即可将照片添加到上传照片页面中，如图7-13所示。

步骤4. 单击页面下方的【开始上传】按钮，稍等片刻，照片就会上传成功，并进入【上传完成】页面，如图7-14所示。在该页面中，可添加照片名称和对照片的描述，默认是对多张照片统一添加描述信息，也可单张添加。

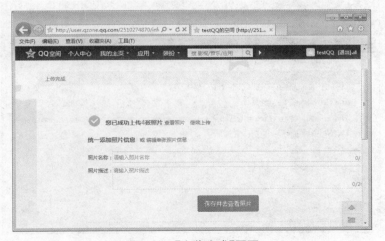

图7-14 【上传完成】页面

步骤5. 单击【保存并去查看照片】按钮，则会进入相册中查看上传成功的照片，如图7-15所示。

图 7-15　相册中上传成功的照片

上传照片成功后，QQ 好友即可通过 QQ 空间看到这些照片，并可对照片进行评论。此时上传的照片默认会保存在"未命名相册中"，也可以在图 7-11 中先新建相册，然后上传照片。

7.1.4　使用留言板

在留言板中，QQ 空间主人与访客都可以在此留言，为 QQ 空间主人与访客之间提供一个交流的平台。在 QQ 空间首页上方单击【留言板】，即可进入留言板页面，如图 7-16 所示。

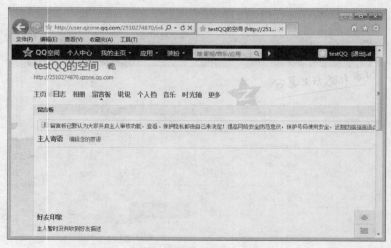

图 7-16　留言板页面

在留言板中，主人可以编辑主人寄语，具体操作如下。

步骤 1. 单击"主人寄语"右侧的【编辑您的寄语】超链接，即可进入到【主人寄语】编辑页面,如图 7-17 所示。

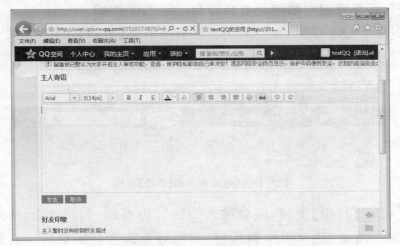

图 7-17 【主人寄语】编辑页面

步骤 2. 在主人寄语编辑区中编写主人寄语,编辑文本格式完成后,单击【发表】按钮,即可在留言板中看到主人寄语,如图 7-18 所示。

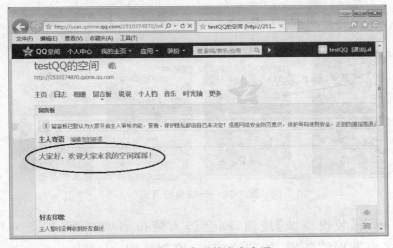

图 7-18 发表后的主人寄语

主人在留言板发表寄语后,QQ 访客可看到主人寄语,并可对主人留言进行回复。

7.1.5 装扮 QQ 空间

QQ 空间是主人的一个小空间,QQ 空间主人的性格爱好千差万别,对于 QQ 空间的装饰也不同。为了满足 QQ 用户的不同需求,QQ 空间中的装扮功能可增加 QQ 空间装扮的趣味性。另外,QQ 空间商城除了为高级用户提供空间装扮外,对普通用户而言,也有免费装扮区,可以为普通用户打造属于自己的个性装扮。下面来介绍普通用户如何免费装扮自己的 QQ 空间。

步骤 1. 登录 QQ 空间,在空间主页上方可看到【装扮】按钮,如图 7-19 所示。

图 7-19　QQ 空间中的【装扮】按钮

步骤 2. 单击【装扮】按钮,则会进入一键装扮页面,如图 7-20 所示。该页面左侧是一键装扮导航,用户可根据风格、颜色等来选择装扮套装。右侧是所有一键装扮的套装,主要分成 5 大类,包括推荐新品、猜你喜欢、主题装扮、原创装扮和热门装扮。

图 7-20　一键装扮页面

步骤 3. 单击【装扮商城】按钮,则会进入装扮商城页面,如图 7-21 所示。该商城提供了多个类别的装扮,如装扮精灵、原创品牌、免费装扮等。除了免费装扮普通用户可以使用外,其他装扮都是针对高级用户提供的。

步骤 4. 单击【免费装扮】按钮,则会进入免费装扮专区,如图 7-22 所示。免费装扮专区分为免费套装和免费单品,在选择免费套装后可选择免费单品作为空间的小挂饰。

步骤 5. 单击选择一种免费套装,则可进入装扮预览页面,如图 7-23 所示。在该页面上方的【当前装扮】中,可以选择在空间中是否需要当前套装中的装饰,右上角的对勾表示已选择的装饰。

图 7-21　装扮商城页面

图 7-22　免费装扮专区页面

图 7-23　装扮预览页面

步骤 6. 单击【保存】按钮,保存所选择的的套装。

步骤 7. 在免费装扮专区中,选择免费单品并保存,装扮完成后的 QQ 空间如图 7-24 所示。

图 7-24　装扮完成后的 QQ 空间

这样,QQ 用户就拥有了一个美观个性的 QQ 空间,在 QQ 空间中可以和 QQ 好友交流,可以发表自己的想法,也可以展示自己。

7.2　天涯社区

天涯社区创办于 1999 年 3 月,是一个在全球极具影响力的网络社区。自创立以来,天涯社区以其开放、包容、充满人文关怀的特色受到了全球华人网民的推崇,经过十年的发展,已经成为以论坛、部落、博客为基础交流方式,综合提供个人空间、相册、音乐盒子、分类信息、站内消息、虚拟商店、来吧、问答、企业品牌家园等一系列功能服务,并以人文情感为核心的综合性虚拟社区和大型网络社交平台。截止 2011 年 8 月,天涯社区注册用户数达 5600 万,在线用户常在 80 万～100 万。

7.2.1　注册并登录天涯社区

用户如果只想在天涯社区浏览帖子,不用注册即可浏览。但是用户如果想在天涯社区回复、发表帖子等,则必须注册成为会员,才能进行这些操作。注册并登录天涯社区的具体操作步骤如下。

步骤 1. 打开 IE,在地址栏输入"http://www.tianya.cn/",按【Enter】键,即可进入天涯社区登录页面,如图 7-25 所示。

步骤 2. 单击【免费注册】按钮,可进入天涯社区注册页面,如图 7-26 所示,即

图 7-25　天涯社区登录页面

可填写如注册用户名、密码等个人信息。

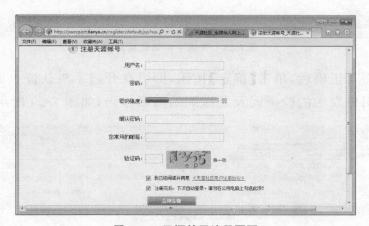

图 7-26　天涯社区注册页面

步骤 3. 填写完注册信息后，单击【立即注册】按钮，进入激活帐号页面，如图 7-27 所示。

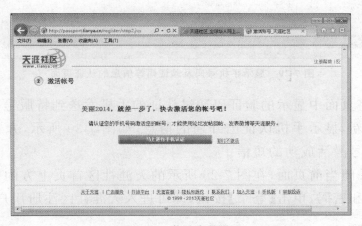

图 7-27　激活账号页面

步骤 4. 单击【马上进行手机认证】按钮，进入开通手机认证页面，如图 7-28 所示。在该页面中输入认证的手机号码。只有利用手机号码激活注册帐号，才能使用论坛发帖、回帖、发表微博等天涯服务。

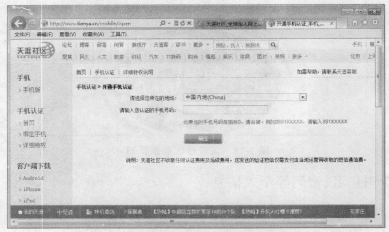

图 7-28　开通手机认证页面

步骤 5. 输入正确后，单击【确定】按钮，即可在开通手机认证页面显示用户手机号码、需要用户发送的验证码及发送到的特服号码，如图 7-29 所示。

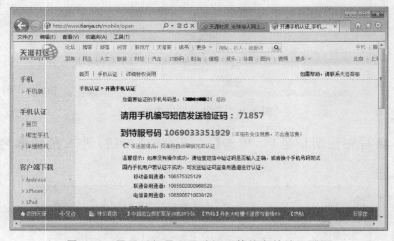

图 7-29　显示手机号码及验证码等信息的认证页面

步骤 6. 将页面中显示的验证码通过认证的手机发送到特服号码，稍等片刻，页面会自动刷新，显示手机认证已开通的信息，如图 7-30 所示，并且会收到天涯社区发送的帐号激活成功的短信。

步骤 7. 关闭当前页面，在图 7-25 所示的天涯社区首页上方的登录区域输入注册的用户名和密码，单击【登录】按钮，即可进入天涯社区注册用户的个人主页，如图 7-31 所示。

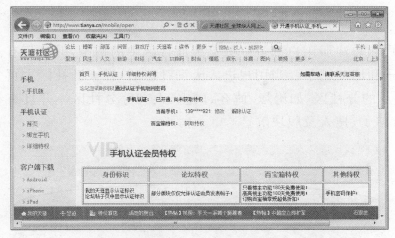

图 7-30　手机认证已开通的信息显示页面

图 7-31　天涯社区注册用户个人主页

　　这样，用户就拥有了天涯社区的帐号，登录社区后，即可发帖、回帖、发表微博等。另外，用户在登录天涯社区时，也可选择使用注册邮箱和认证手机号码进行登录，或者也可以使用其他网站账号登录，包括新浪微博、QQ、腾讯微博、MSN 和 139 邮箱几种方式，如图 7-32 所示。

图 7-32　其他登录天涯社区的方式

7.2.2　浏览并回复帖子

注册用户和非注册用户都可以浏览天涯社区中的帖子,但是只有注册用户才可以发表帖子和回复帖子。当用户进入天涯社区后,在天涯社区主页上方可看到如图 7-33 所示的分社区,如论坛、博客、民生、人文等分社区。并且有专门的搜索框,可以搜索帖子、搜人及版块等。

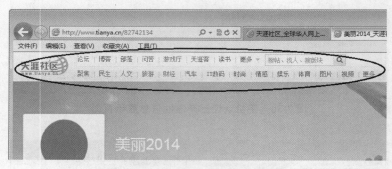

图 7-33　社区不同分社区及搜索框

下面以"论坛"为例,介绍浏览特定帖子并回复帖子的具体操作。

步骤 1. 单击【论坛】超链接,即可进入论坛分社区主页,如图 7-34 所示。论坛中又按照帖子的类型分为热帖榜、城市榜、旅游榜等。

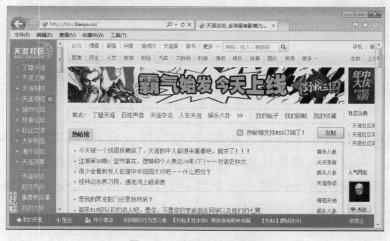

图 7-34　论坛分社区主页

步骤 2. 单击帖榜下的帖子标题,即可进入到帖子页面,用户可以浏览帖子、查看帖子回复情况等,如图 7-35 所示。

步骤 3. 要回复帖子,单击帖子正文右上角的【回复】,即可进入到回复帖子页面,如图 7-36 所示。可在帖子回复编辑区中输入浏览帖子后的所感所想。

步骤 4. 编辑回复完成后,单击编辑区右下角的【回复】按钮或按键盘上的

【Ctrl＋Enter】键，会弹出一个验证码输入窗口，如图 7-37 所示。

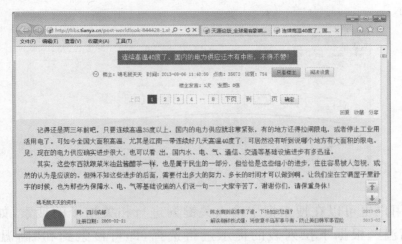

图 7-35 帖子浏览页面

图 7-36 回复帖子页面

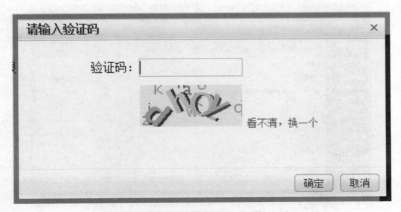

图 7-37 回复帖子时的验证码输入窗口

步骤 5. 正确输入验证码后,单击【确定】按钮,即可看到回复成功的帖子,如图 7-38 所示。

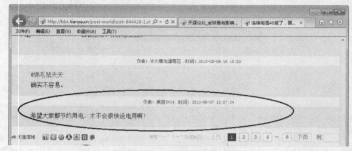

图 7-38　回复成功的帖子

当然,用户也可以在搜索框中输入关键词进行相关帖子的搜索,如图 7-39 所示,输入"高温",根据下拉列表的提示进行选择,即可搜索到和"高温"相关的帖子,并进行浏览和回复。

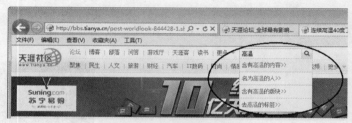

图 7-39　帖子搜索功能

7.2.3　发表新帖

天涯社区的分社区比较多,每个分社区的操作不同,下面以"论坛"分社区为例介绍发表新帖的操作。

步骤 1. 单击图 7-34 中的【发帖】按钮,即可进入到帖子编辑页面,如图 7-40 所示。

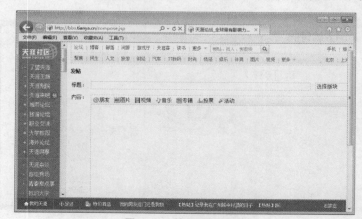

图 7-40　帖子编辑页面

步骤 2. 填写帖子标题、内容,选择版块后,单击【发表】按钮或按【Ctrl＋Enter】键,正确填写验证码后,即可发表帖子,但是需要审核后才能显示。

7.3　百度贴吧

百度贴吧是百度旗下的独立品牌,也是全球最大的中文社区。贴吧的创意在于结合搜索引擎建立一个在线的交流平台,让那些对同一个话题感兴趣的人聚集在一起,方便地展开交流和互相帮助。贴吧是一种基于关键词的主题交流社区,它与搜索紧密结合,准确把握用户需求。百度贴吧历经数年,拥有 6 亿注册用户,450 万贴吧,日均话题总量近亿,月活跃用户数有 2 亿,占中国网民总数的 39%。本节主要介绍百度贴吧的基本操作。

7.3.1　注册百度账号

和天涯社区类似,用户如果想进入百度贴吧浏览、回复、发表帖子等,也应该注册成为百度用户,下面介绍注册百度用户的基本操作。

步骤 1. 打开 IE,在地址栏输入"http://tieba.baidu.com/",按【Enter】键,即可进入百度贴吧首页,在页面的右上角可看到【登录】和【注册】,如图 7-41 所示。

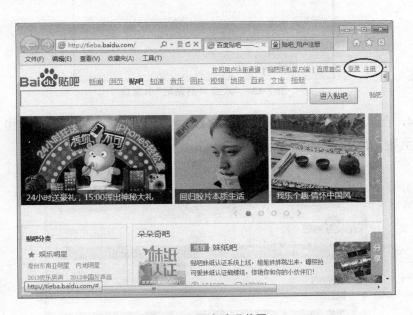

图 7-41　百度贴吧首页

步骤 2. 单击【注册】超链接,即可进入到贴吧注册页面,如图 7-42 所示。注册百度贴吧有手机号注册和邮箱注册两种方式,用户可随意选择。

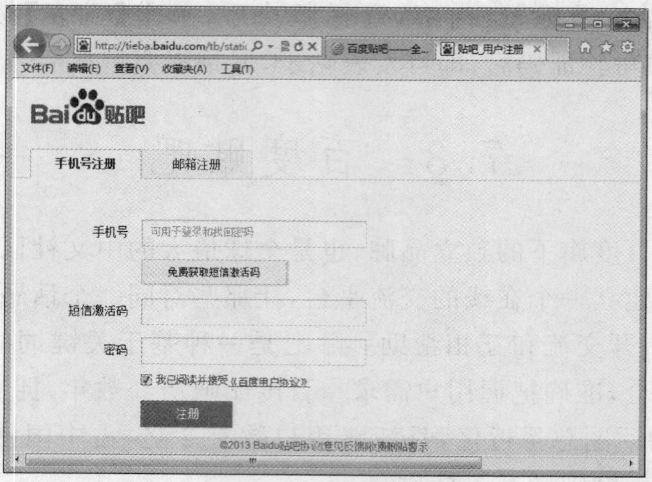

图 7-42　贴吧注册页面

步骤 3. 如选择手机号注册,在注册页面输入手机号,单击【免费获取短信激活码】获取短信激活码,然后在"短信激活码"后的编辑框中输入激活码,并填写注册密码,单击【注册】按钮,显示验证成功提示页面后,会弹出"欢迎来到贴吧"小窗口,如图 7-43 所示。

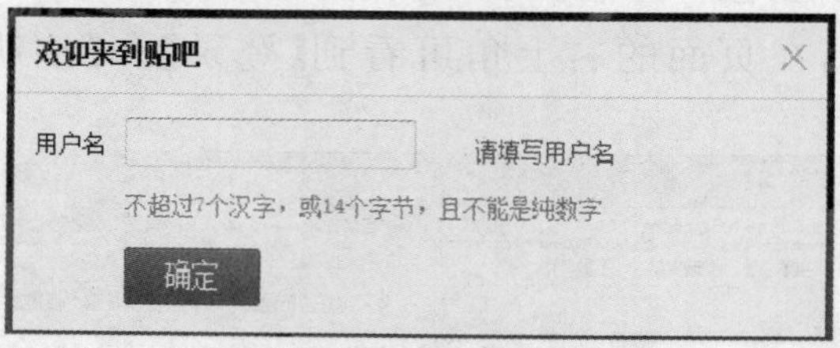

图 7-43　"欢迎来到贴吧"小窗口

步骤 4. 在欢迎窗口填写要注册的用户名,单击【确定】按钮,即可进入到【我的 i 贴吧】页面,如图 7-44 所示。

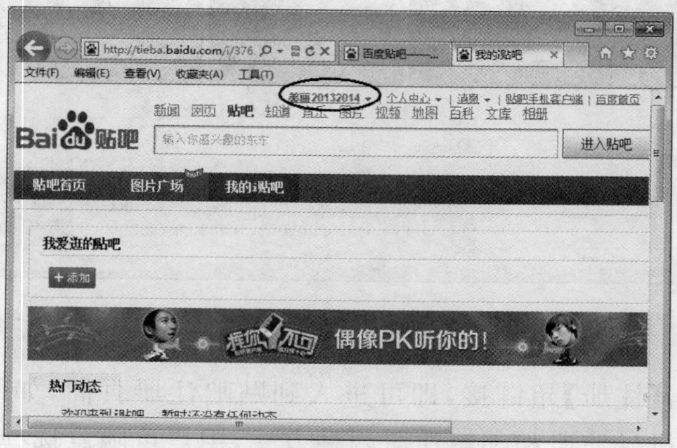

图 7-44　【我的 i 贴吧】页面

至此,百度贴吧帐号注册完成,用户可在贴吧中浏览、发表、回复帖子。

7.3.2　登录百度贴吧

步骤 1. 单击图 7-41 所示的百度贴吧首页中的【登录】超链接,即可进入登录窗口,如图 7-45 所示。如果是用手机号注册的,则使用手机登录;如果是用邮箱注册的,则使用邮箱登录。

图 7-45　登录窗口

步骤 2. 选择【手机登录】,输入正确的手机号和密码,单击【登录】按钮后,即可进入百度贴吧首页,并且在页面上方显示登录用户名,如图 7-46 所示。

图 7-46　登录后的百度贴吧首页

7.3.3　浏览帖子

用户要浏览帖子,可以在贴吧首页上方的帖子搜索框中输入关键字进行搜索,也可从贴吧首页的贴吧分类中进入贴吧,查看某种类别的帖子。

方法一、通过搜索帖子进行浏览。

步骤 1. 在贴吧上方的搜索框输入关键字,如"养生",单击【进入贴吧】按钮,即可进入"养生吧",如图 7-47 所示。该贴吧列出了所有和"养生"相关的帖子。

图 7-47　搜索到的"养生吧"

步骤 2. 单击要查看的帖子标题,即可进入帖子浏览页面,如图 7-48 所示。

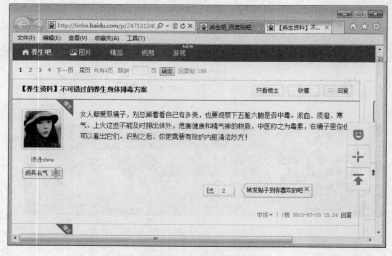

图 7-48　帖子浏览页面

方法二、从贴吧分类中浏览帖子。

步骤 1. 在贴吧首页,移动鼠标到页面左侧的贴吧分类中,如"生活家",在该类贴吧右侧会显示该类中所有的贴吧,如图 7-49 所示。

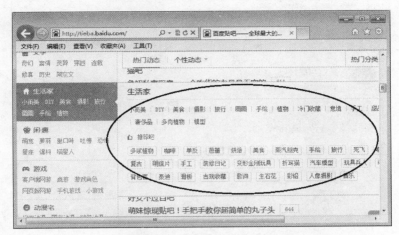

图 7-49　"生活家"类中的所有贴吧

步骤 2. 如要查看美食吧中的帖子,单击【美食】超链接,则会进入美食吧,如图 7-50 所示。美食吧中又包括美食与烹饪吧、烧烤吧、甜点吧等关于美食的贴吧。

图 7-50　美食吧

步骤 3. 单击【美食与烹饪吧】,即可进入该贴吧,如图 7-51 所示。

这样,用户就可以在贴吧中浏览帖子了。

7.3.4　在贴吧中回帖

看到好的帖子,如果想发表自己的想法,则可对帖子进行回复。下面就来介绍回复帖子的操作。

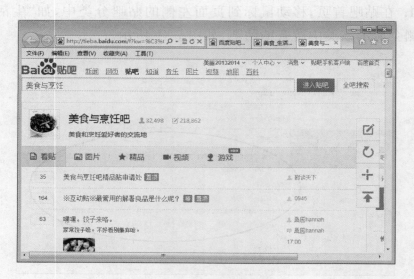

图 7-51　美食与烹饪吧

步骤 1. 在如图 7-48 所示的帖子浏览页面中单击帖子正文右上角的【回复】超链接，即可进入帖子回复页面，如图 7-52 所示。

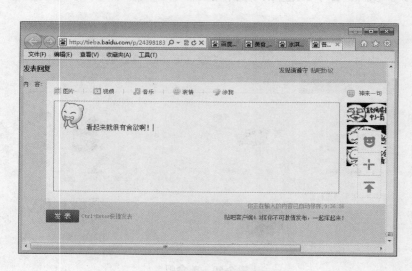

图 7-52　帖子回复页面

步骤 2. 在回复内容编辑框中输入回复内容，也可以通过编辑框上方的各种按钮插入图片、视频、音乐、表情等，单击【发表】按钮或按【Ctrl＋Enter】键，弹出验证码输入窗口，如图 7-53 所示。这里的验证码为 4 个文字，需要通过点击下方的文字进行选择。

步骤 3. 点击选择输入验证码正确后，回复发表成功，在帖子的最后一页可看到对帖子的回复，如图 7-54 所示。

图 7-53 验证码输入窗口

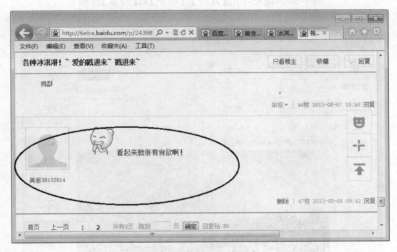

图 7-54 对帖子的回复

上面的方式是对整个帖子进行回复,除此之外,还可以单击回复右下角的【回复】超链接对帖子中的每条回复发表意见。

7.3.5 发表新帖

用户如果想发表新帖子,需要先进入到特定的贴吧中。例如,发表关于旅游的话题,可进入到"旅游吧"中,在页面的右侧会看到如图 7-55 所示的 3 个按钮,从上往下依次是【发帖】、【刷新】和【分享】。发帖的具体操作如下。

步骤 1. 单击【发帖】按钮,即可进入帖子编辑页面,如图 7-56 所示。按需要输入帖子的标题和内容,内容中可以插入图片、视频、音乐等。

步骤 2. 编辑好帖子后,单击下方的【发表】按钮或按【Ctrl＋Enter】键,在弹出的验证码输入窗口中正确输入验证码后,在贴吧中即可看到发表成功的帖子,如图 7-57 所示。

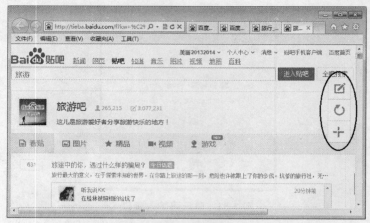

图 7-55　贴吧中的【发帖】、【刷新】和【分享】按钮

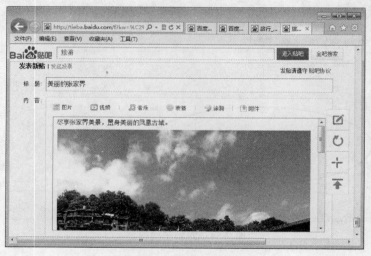

图 7-56　帖子编辑页面

图 7-57　发表成功的帖子

7.3.6 创建新贴吧

步骤 1. 进入贴吧首页,在页面上方的搜索框输入要创建的贴吧名称,单击【进入贴吧】按钮。如输入"百度贴吧创建贴吧",如果该贴吧已经存在,则直接进入贴吧;如果该贴吧不存在,则会找到和要创建的贴吧相关的贴吧,并在搜索框下方出现提示,如图 7-58 所示。

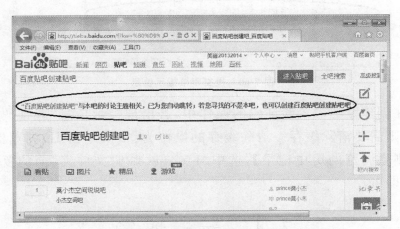

图 7-58 搜索相关贴吧后的提示

步骤 2. 单击提示中的蓝色字体【百度贴吧创建贴吧】超链接,进入创建贴吧页面,如图 7-59 所示。

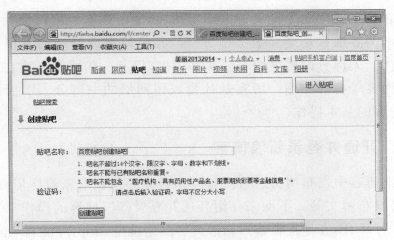

图 7-59 创建贴吧页面

步骤 3. 输入正确的贴吧名称和验证码后,单击【创建贴吧】按钮,即可给出创建贴吧提交审核提示信息,提示用户所创建贴吧已经提交系统审核,审核通过即可创建成功,如图 7-60 所示。

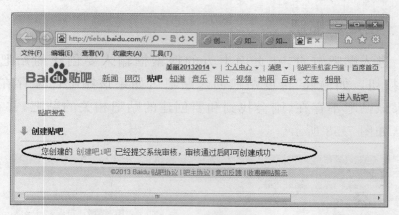

图 7-60　提交审核提示信息

提示：在创建贴吧输入验证码的操作中，若出现提示信息"验证码已超时，请重新输入"，则需要清除缓存。清除缓存的操作为：依次单击 IE 浏览器中的菜单【工具】→【删除浏览的历史记录】，选中"Internet 临时文件夹"前的复选框，单击【删除】按钮即可。

7.4　新浪博客

博客，又译为网络日志、部落格或部落阁等，是一种由个人管理、不定期张贴新文章的网站。博客上的文章通常根据张贴时间，以倒序方式由新到旧排列。许多博客专注在特定的课题上提供评论或新闻，其他则被作为比较个人的日记。一个内容丰富的博客通常是结合了文字、图像、其他博客或网站的链接及其他与主题相关的媒体。大部分的博客内容以文字为主，仍有一些博客专注在艺术、摄影、视频、音乐、播客等各种主题。博客是社会媒体网络的一部分。下面以新浪博客为例，介绍博客的基本操作。

7.4.1　开通并登录新浪博客

要在新浪博客中发布博文、上传照片等，首先必须获取新浪注册账号，并进行登录后，才可发布博文等。下面来介绍开通并登录新浪博客的操作。

步骤 1. 打开 IE，在地址栏输入新浪博客网络地址"http://blog. sina. com. cn/"，按【Enter】键，即可进入新浪博客首页，如图 7-61 所示。在博客首页上方可看到登录及开通博客的区域。

步骤 2. 单击【开通新博客】按钮，进入新浪博客注册页面，如图 7-62 所示。可选择手机注册或邮箱注册。

图 7-61 新浪博客首页

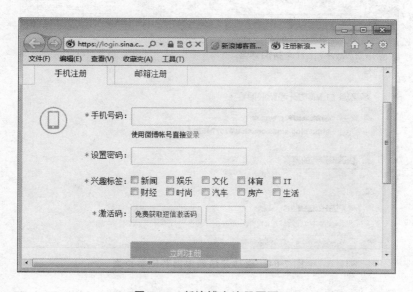

图 7-62 新浪博客注册页面

步骤 3. 选择手机注册，输入手机号码，设置密码，选择兴趣标签后，单击【免费获取短信激活码】，等待几秒钟后，手机会收到新浪发送过来的激活码，将激活码输入到激活码编辑框中，单击【立即注册】按钮，可进入开通新浪博客页面，如图 7-63 所示。

步骤 4. 填写博客信息和个人资料后，单击页面下方的【完成开通】按钮，进入成功开通新浪博客提示页面，如图 7-64 所示。手机注册的登录名为：13＊＊＊＊＊＊＊60@sina.cn。

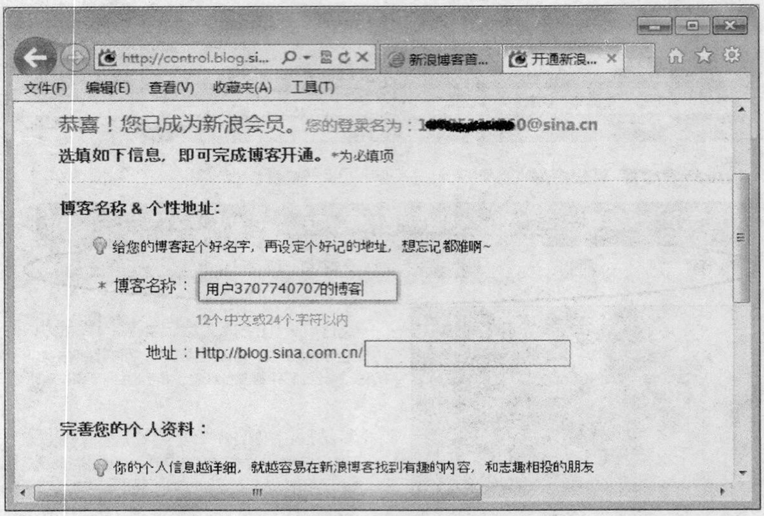

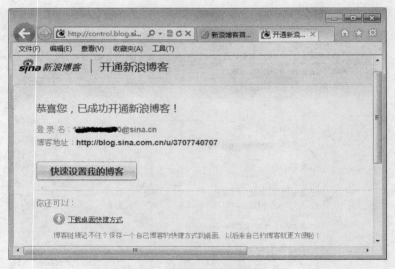

图 7-63　开通新浪博客页面

图 7-64　成功开通新浪博客提示页面

步骤 5. 在新浪博客首页的登录区域中输入注册的登录名和密码,并单击【登录】按钮,可登录新浪博客,在原来的登录区域中可看到登录的用户名,如图 7-65 所示。

这样,用户就开通了新浪博客,并且成功登录了新浪博客。

7.4.2　欣赏别人的博客

要欣赏别人的博客,可以从博客首页中按照博客排行、博文排行、不同话题分类等进行欣赏。其中,最简单的方法就是通过搜索博客并欣赏,操作步骤如下。

图 7-65　登录新浪博客后在首页显示的用户名

步骤 1. 在新浪博客首页右侧的搜索框前面的下拉列表选择【博客作者】,也可以选择其他,在搜索框输入要浏览的博客主题,如图 7-66 所示,输入"云南旅游"。

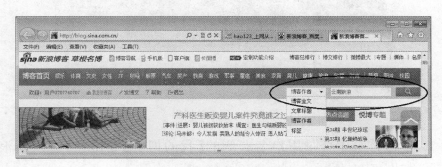

图 7-66　新浪博客首页的搜索框

步骤 2. 单击【搜索】按钮,可进入博客搜索结果页面,如图 7-67 所示,列出了所有和"云南旅游"相关的博主的博客。在该页面中,可以选择【搜文章】或者【搜博主】,搜索时选择的是【博客作者】,搜索结果显示中默认为【搜博主】。

步骤 3. 单击搜索结果中的博客标题,可进入别人的博客中,如图 7-68 所示。用户可以从中欣赏别人的博客,阅读博文。

7.4.3　撰写并发布博文

用户要撰写自己的博文,可以通过两种方法:一是在博客首页中显示用户名的位置右侧单击【发博文】,二是进入"我的博客"撰写博文。下面以第二种方法为例,介绍撰写并发布博文的方法。

图 7-67　博客搜索结果页面

图 7-68　别人的博客

步骤 1. 单击首页中登录用户名右侧的【我的博客】超链接，进入新浪博客个人中心首页，如图 7-69 所示。

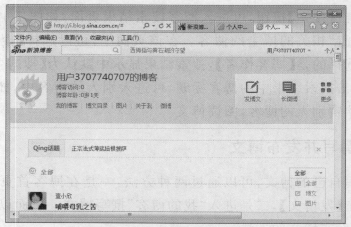

图 7-69　新浪博客个人中心首页

步骤 2. 单击【发博文】按钮，进入发博文页面，如图 7-70 所示。输入博文标题和内容，编辑博文格式，进行其他设置。

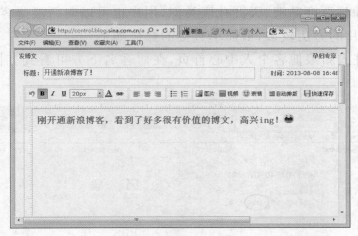

图 7-70　发博文页面

步骤 3. 单击【发博文】按钮，弹出博文发布成功提示框，如图 7-71 所示，表示博文发布成功。

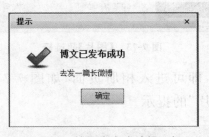

图 7-71　博文发布成功提示框

步骤 4. 单击【确定】按钮，在自己的博客中即可看到发布的博文，如图 7-72 所示。

图 7-72　发布成功的博文

7.4.4　向博客相册中上传图片

和 QQ 空间、百度贴吧、天涯社区类似,用户也可以向新浪博客中的相册上传照图。上传图片的方法较多,最简单直接的操作如下。

步骤 1. 进入新浪博客个人中心首页,在博客名下方可看到如图 7-73 所示的【图片】超链接。

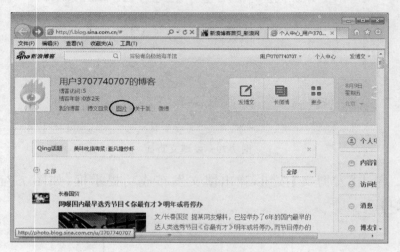

图 7-73　【图片】超链接

步骤 2. 单击【图片】,即可进入相册页面,如图 7-74 所示。在首次上传图片之前会显示"尚未上传图片"的提示。

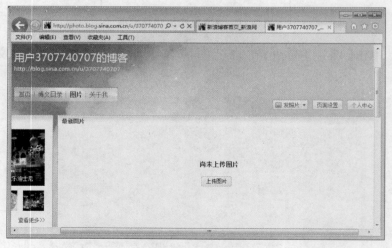

图 7-74　相册页面

步骤 3. 单击【上传图片】按钮,进入上传图片页面,如图 7-75 所示。注意上传图片的格式、大小等。

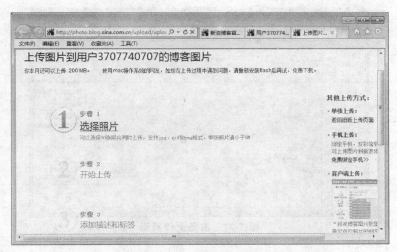

图 7-75　上传图片页面

步骤 4. 单击【选择照片】，打开【选择文件】窗口，如图 7-76 所示，选择要上传的图片。可以一次选择一张，也可以一次选择多张。

图 7-76　【选择文件】窗口

步骤 5. 选择好要上传的图片后，单击【打开】按钮，进入到准备上传页面，如图 7-77 所示。

步骤 6. 单击"选择专辑"下拉列表框右侧的【新建专辑】，可打开【新建专辑】窗口，如图 7-78 所示。

步骤 7. 输入新建专辑标题、描述，选择权限后，单击【确定】按钮，回到图 7-77 所示的准备上传页面，此时的"选择专辑"后的专辑名为新建的专辑。

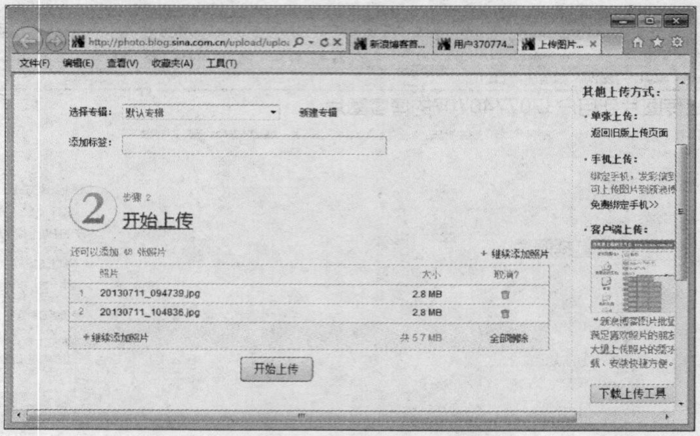

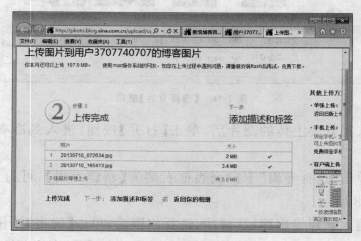

图 7-77　准备上传页面

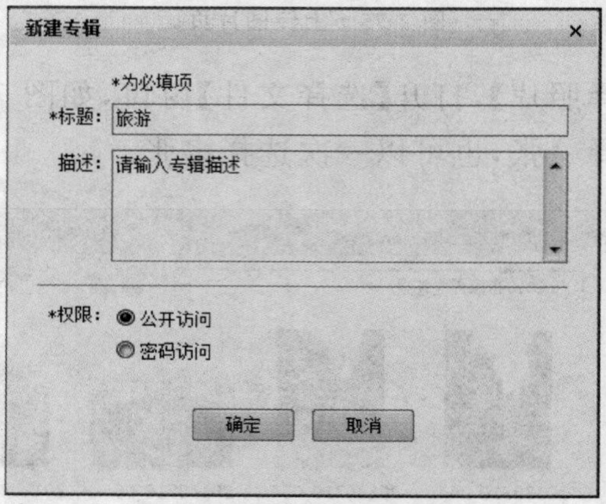

图 7-78　【新建专辑】窗口

步骤 8. 单击【开始上传】按钮，页面中出现"上传中…"，表示图片正在上传，等待一会即可上传完成，如图 7-79 所示。

图 7-79　上传完成页面

步骤 9. 单击【添加描述和标签】,进入编辑照片描述和标签页面,如图 7-80 所示,为每张图片添加描述和标签。

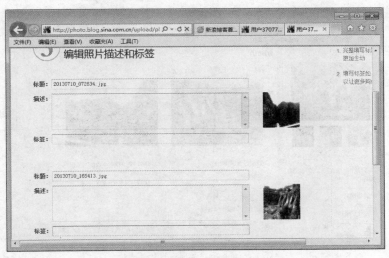

图 7-80　编辑照片描述和标签页面

步骤 10. 编辑完成后,单击【保存】按钮,在个人博客中可看到上传成功的图片,如图 7-81 所示。

图 7-81　博客中上传成功的图片

7.4.5　管理相册中的图片

当用户上传图片成功后,还可以对相册中的图片进行其他操作,如更改图片描述、标题、删除图片,处理图片等操作。用户要对图片进行管理,首先需要进入到相册中,如图 7-81 所示。

如要更改图片的标题和描述，可通过单击照片下方对应项后面的【编辑】，即可直接输入对应文字，如图 7-82 所示。单击【保存】按钮即可修改成功。

图 7-82　编辑标题及图片描述

如要对相册中的图片进行后期处理，可按照如下步骤进行操作。

步骤 1. 单击图片下方的【图片处理】，即可进入新浪博客在线图片处理页面，如图 7-83 所示。可以通过单击页面上方的【编辑】、【美化】、【拼接】和【保存】选项卡对图片进行处理。

图 7-83　新浪博客在线图片处理页面

　　步骤 2. 如要对图片进行旋转，可单击【编辑】选项卡中的【旋转】按钮，即可进入图片旋转处理页面，如图 7-84 所示。

图 7-84 图片旋转处理页面

步骤 3. 单击【水平】按钮，图片发生水平旋转，并单击【确定】按钮保存所做修改，如图 7-85 所示。

图 7-85 水平旋转后的图片

步骤 4. 添加其他效果处理完成后，单击【保存】选项卡，进入图片保存页面，如图 7-86 所示。

步骤 5. 单击【保存】按钮，返回博客相册中可看到保存后的图片，如图 7-87 所示。处理后的图片不会覆盖掉原来的图片。

7.4.6 美化博客外观

博客如同网络用户的家，用户可以通过设置自己博客的页面来达到美化博客的效果。具体操作步骤如下：

图 7-86　图片保存页面

图 7-87　保存后相册中的图片

步骤 1. 进入新浪博客个人中心首页，在首页上方可看到如图 7-88 所示的【页面设置】按钮。

步骤 2. 单击【页面设置】按钮，可进入页面设置页面，如图 7-89 所示。在该页面中可以选择页面风格，也可以自定义页面风格。

步骤 3. 单击选择对应风格的页面，并在此基础上通过【自定义风格】、【版式设置】、【组件设置】和【自定义组件】进行自定义设置。设置完成后，单击【保存】按钮保存设置。设置完成后的博客页面如图 7-90 所示。

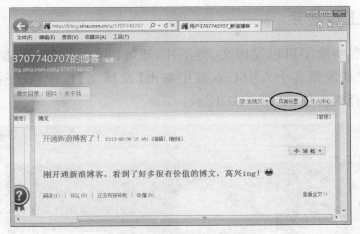

图 7-88　【页面设置】按钮

图 7-89　页面设置页面

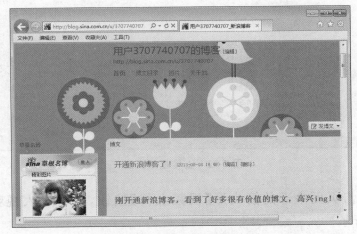

图 7-90　设置完成后的博客页面

7.4.7　上传视频

在新浪博客中除了可以发博文、传图片，还可以上传视频，具体操作如下。

步骤 1. 在新浪博客个人中心首页中单击【发博文】按钮，在下拉列表的最后可看到【发视频】的选项，如图 7-91 所示。

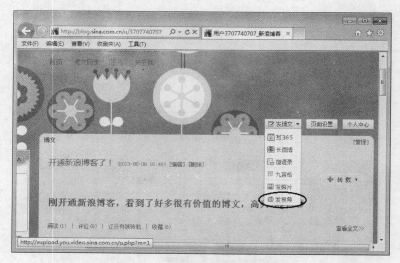

图 7-91　博客中【发视频】的选项

步骤 2. 单击【发视频】，可进入上传视频页面，如图 7-92 所示。

图 7-92　上传视频页面

步骤 3. 单击页面中部的箭头形【视频上传】按钮，即可进入视频文件选择窗口，如图 7-93 所示。

步骤 4. 单击选择要上传的视频文件，并单击【打开】按钮，等待一会即可上传

图 7-93　视频文件选择窗口

完成,如图 7-94 所示。

图 7-94　视频上传完成页面

　　步骤 5. 编辑视频标题、描述等信息后,单击【保存】按钮,则会保存上传的视频。在新浪博客中可看到刚才上传的视频,如图 7-95 所示。

图 7-95 上传到博客中的视频

7.5 微 博

微博，即微博客（MicroBlog）的简称，是一个基于用户关系信息分享、传播以及获取平台，用户可以通过 WEB、WAP 等各种客户端组建个人社区，以 140 字左右的文字更新信息，并实现即时分享。最早也是最著名的微博是美国 twitter。2009 年 8 月，中国门户网站新浪推出"新浪微博"内测版，成为门户网站中第一家提供微博服务的网站，微博正式进入中文上网主流人群视野。

截至 2012 年 12 月底，新浪微博注册用户数已超过 5 亿，同比增长 74％。日活跃用户数达到 4620 万，微博用户数与活跃用户数保持稳定增长。

对于用户而言，只要注册了新浪博客，也就拥有了新浪微博。要使用新浪微博，首先必须登录新浪微博，操作如下。

步骤 1. 打开 IE，在地址栏输入"http：//weibo.com/"，按【Enter】键，进入新浪微博登录页面，如图 7-96 所示。

步骤 2. 在登录区域输入注册新浪博客时的注册手机号码和密码，单击【登录】按钮，进入新浪微博完善资料页面，如图 7-97 所示。填写个人资料。

步骤 3. 单击【下一步】按钮，进入兴趣推荐页面，如图 7-98 所示。

步骤 4. 单击【进入微博】按钮，即可进入微博首页，如图 7-99 所示。在页面上方的微博输入编辑不超过 140 字的微博，并单击【发布】按钮，即可发表微博。

图 7-96　新浪微博登录页面

图 7-97　新浪微博完善资料页面

图 7-98　兴趣推荐页面

图 7-99 微博首页

第8章 网络时尚生活

随着世界网络的发展,网络生活逐渐成为人们生活的代名词。人们足不出户,通过网络就可以享受生活的便捷。本章主要介绍通过网络查询日常生活信息,获取旅游信息,网上求医与保健,网上阅读等内容。通过本章的学习,读者基本能够掌握从网络获取日常生活信息的方法。

8.1 查询日常生活信息

网络的发展,为人们的生活提供了极大的便利,人们可以通过网络获取到各种生活信息,如查询天气信息,医疗信息,美食信息,房屋租赁信息等。下面就来介绍日常生活信息获取的方法。

8.1.1 查询天气预报

查看每天的天气,了解未来几天的天气情况,有助于人们更精确地安排自己的生活,除了通过电视播报的天气预报获取天气信息外,还可以通过网络来获取。常用的天气预报查询网站有中国气象网(http://www.weather.com.cn/)、中央气象台网站(http://www.nmc.gov.cn/)、新浪天气预报(http://weather.news.sina.com.cn/)、天气在线(http://www.t7online.com/)等天气预报查询网站。下面以中国气象网为例介绍网上查询天气的方法。

步骤1. 打开 IE,在地址栏输入"http://www.weather.com.cn/",按【Enter】键,即可进入中国天气网首页,如图 8-1 所示。

步骤2. 在页面上方的搜索框输入要查询的城市名称,或者电话区号,或者邮政编码,单击【查询】按钮,即可进入天气查询结果页面,如图 8-2 所示。可看到当天天气情况及未来几天的天气预报。

8.1.2 口碑网上查询美食信息

酷爱美食的用户可以通过网络获取美食信息,如综合性的网站有口碑网(http://www.koubei.com/)、大众点评网(http://www.dianping.com/)等,主要提供一些美食所在地址信息、价格等;专门的美食网站如美食天下(http://www.meishichina.com/)、下厨房(http://www.xiachufang.com/)等,主要提供

图 8-1　中国天气网首页

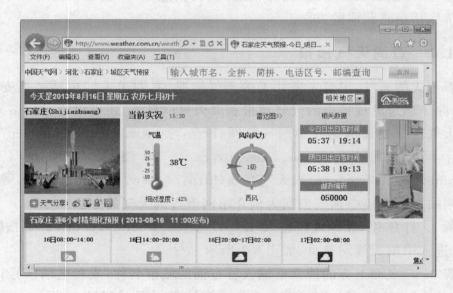

图 8-2　天气查询结果页面

各种美食的材料,做法等。目前,口碑网业务涵盖餐饮娱乐等民众生活消费各个领域。下面以口碑网为例,介绍网上获取美食信息的方法。

步骤 1. 打开 IE,在地址栏输入"http://www.koubei.com/",按【Enter】键,即可进入口碑网首页,如图 8-3 所示。可自动检测到用户所在城市。

步骤 2. 单击页面中的"热门分类"下的【餐饮美食】,即可进入口碑网的餐饮美食页面,如图 8-4 所示。列出了餐饮美食所有的类目和商圈。

图 8-3　口碑网首页

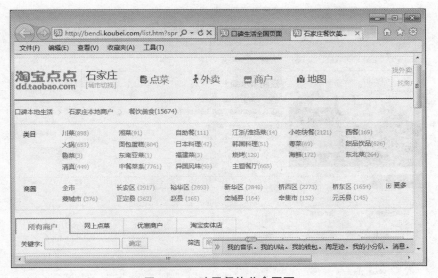

图 8-4　口碑网餐饮美食页面

步骤 3. 如要按照类目选择美食,单击对应的类目,如单击选择【主题餐厅】,可进入到主题餐厅页面,列出石家庄所有的主题餐厅,如图 8-5 所示。

步骤 4. 单击主题餐厅列表中的图片链接,即可进入特定主题餐厅浏览页面,如图 8-6 所示。可以看到该餐厅的详细信息,如电话、地址、评价等信息。

8.1.3　搜房网上出租或求租房屋

1. 发布信息

用户如果有空闲的房屋想出租,也可以通过网络发布出租信息。目前常用的

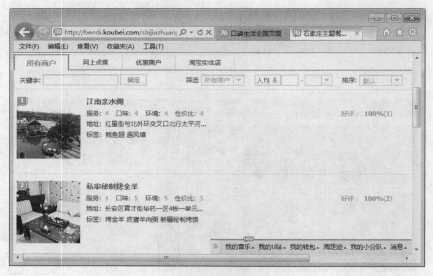

图 8-5　主题餐厅页面

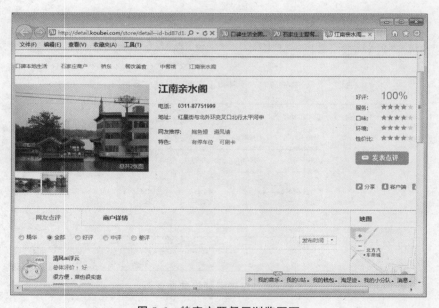

图 8-6　特定主题餐厅浏览页面

房产信息发布及获取网站有搜房网（http://www.soufun.com/），赶集网（http://www.ganji.com/），58 同城（http://www.58.com/）等，在这些网站即使不用注册也可以免费发布房屋出租信息，但是对于注册用户来说，可以更加方便的管理房源信息，下面以搜房网为例介绍注册用户在房产网上发布房屋出租信息的具体操作。

　　步骤 1. 打开 IE，在地址栏输入"http://www.soufun.com/"，按【Enter】键，即可进入搜房网首页，如图 8-7 所示。

图 8-7　搜房网首页

步骤 2. 单击首页左上方的【注册】超链接，即可进入搜房网注册页面，如图 8-8 所示。

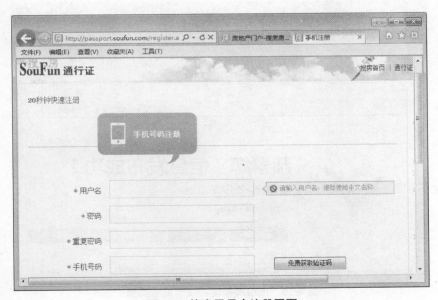

图 8-8　搜房网用户注册页面

步骤 3. 正确填写注册用户名、密码、手机号码后，单击【免费获取验证码】按钮，注册的手机会收到搜房网发送的过来验证码短消息，在验证码输入框输入收到的验证码，单击【立即开通】按钮，会看到注册成功的提示页面并自动跳转到我的搜房页面，如图 8-9 所示。

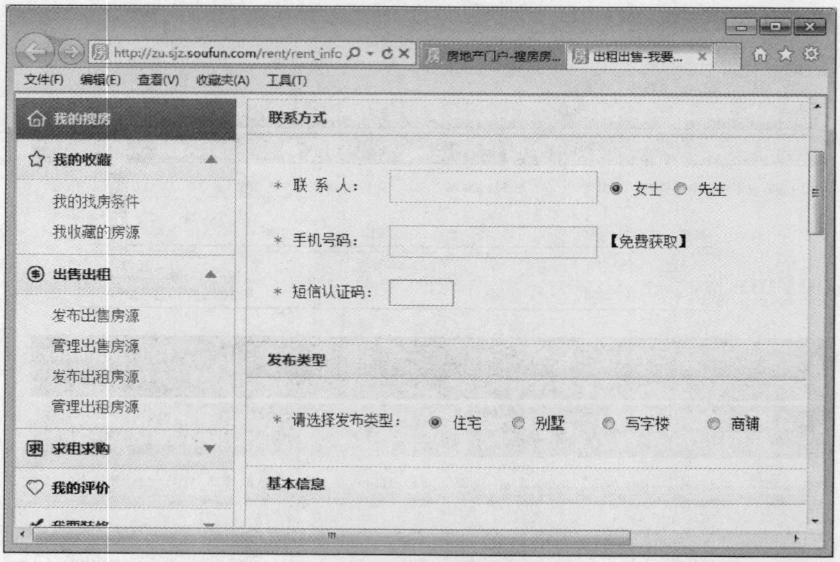

图 8-9　我的搜房页面

步骤 4. 在【租房】选项页面中正确填写出租房源信息后,单击【确定发布】按钮,即可看到出租房源发布成功的提示页面,如图 8-10 所示。

图 8-10　出租房源发布成功提示页面

步骤 5. 单击【查看房源】按钮,即可看到发布成功的出租房源信息页面,如图 8-11 所示。

2. 更新信息

发布出租房源信息成功后,用户需要不时地更新房源信息,以使房源更加快速地出租,具体的操作如下。

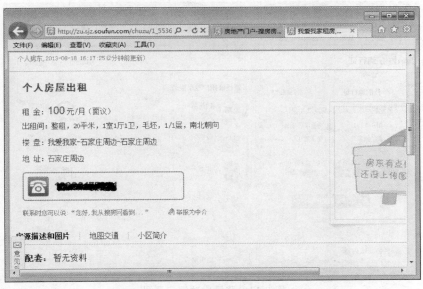

图 8-11 查看出租房源信息页面

步骤 1. 在图 8-7 所示的搜房网首页左上方,单击【登录】超链接,即可进入登录页面,如图 8-12 所示。

图 8-12 登录页面

步骤 2. 在登录页面输入注册的手机号和密码,单击【登录】按钮,可看到登录成功的提示页面,如图 8-13 所示。

步骤 3. 单击【我的搜房】超链接,进入如图 8-9 所示的【我的搜房】页面,依次单击【出售出租】→【管理出租房源】,在页面右侧可看到发布的房源信息,如图

图 8-13　登录成功提示页面

8-14所示。用户可通过如【修改】、【刷新】等超链接管理个人房源信息。

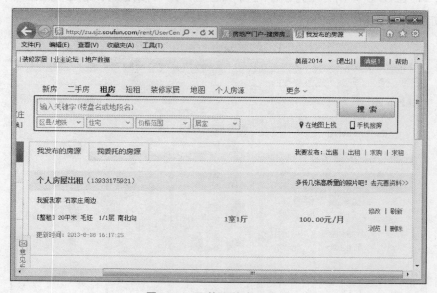

图 8-14　可管理的出租房源

至此,介绍了在搜房网上发布并管理个人房源信息的操作方法。如果用户想发布求租信息,可参考以上的方法进行操作。

8.2　网上旅游攻略

随着人们物质生活的不断丰富,精神文化生活也有更高的需求,在众多的精神文化生活中,旅游成为人们现代生活的一个组成部分。人们在出行前需要做很多出行前的准备,如预订火车票、飞机票、酒店,查询旅游景点相关信息等。网络的发展给人们出行前的准备工作提供了极大的便利条件,人们可以利用网络完成出行前的各种可能的准备工作,使人们的出行更加顺利。下面主要来介绍旅游前的网上攻略。

8.2.1 注册携程网会员

目前,有很多的网站都提供了关于出行的相关服务,如主要可以查看旅游景点,预订机票、车票、酒店等的携程网(http://www.ctrip.com/)和同程旅游网(http://www.17u.cn/),主要用于购买火车票的中国铁路客户服务中心网站12306 火车票(http://www.12306.cn/)等。用户若想使用这些网站所提供的服务,一般都要注册成会员才能享受服务的便捷。下面以携程网为例,介绍注册携程网会员的方法。

步骤 1. 打开 IE,在地址栏输入"http://www.ctrip.com/",按【Enter】键,即可进入携程网首页,如图 8-15 所示,在页面右上角可看到登录和注册区域。

图 8-15 携程网首页

步骤 2. 单击【注册】超链接,进入填写注册信息页面,如图 8-16 所示。用户可以任意选择邮箱注册或手机注册,默认为邮箱注册。

步骤 3. 选择手机注册,正确填写注册信息后,单击【同意服务条款并注册】按钮,进入接收并填写验证码页面,如图 8-17 所示。注册手机会收到携程网发送过来的验证码。

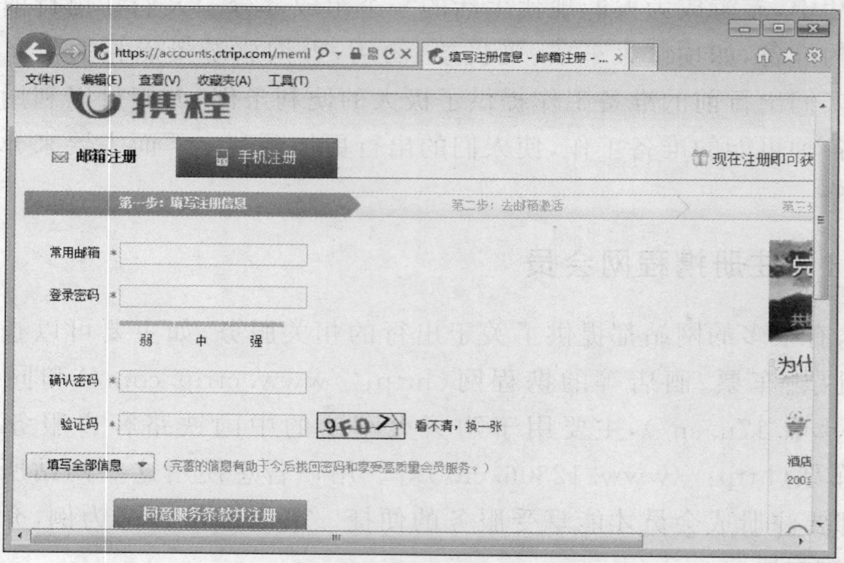

图 8-16　填写注册信息页面

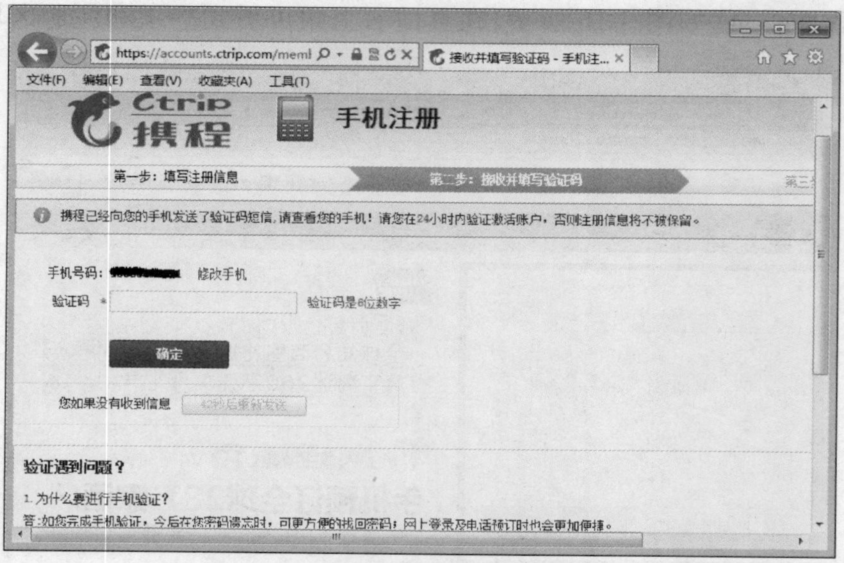

图 8-17　接收并填写验证码页面

步骤 4. 在验证码输入框中输入手机收到的验证码,单击【确定】按钮,会进入注册成功提示页面,如图 8-18 所示。会显示注册手机号码及携程卡号。

这样,用户就注册成了携程网会员。

8.2.2　登录携程网

注册携程网后,只要登录携程网,就可以在携程网上预订车票、酒店等。注册

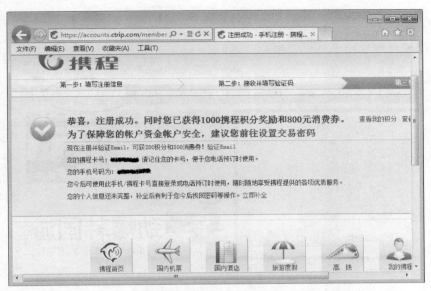

图 8-18　注册成功提示页面

会员登录携程网的具体操作如下。

步骤 1. 在图 8-15 所示的携程网首页的注册登录区域中，单击【登录】超链接，即可进入携程网的会员登录页面中，如图 8-19 所示。

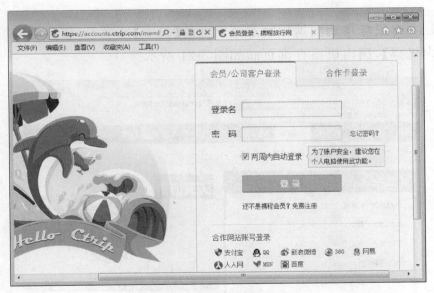

图 8-19　携程网会员登录页面

步骤 2. 在默认的【会员/公司客户登录】选项卡中，输入注册的手机号码及密码，单击【登录】按钮，进入携程网首页，原来的注册登录区域显示如图 8-20 所示。

图 8-20 登录后的携程网首页显示

8.2.3 携程网上查询飞机航班

用户在携程网上可以查询国内、国际飞机航班，查询飞机航班的具体操作如下。

步骤 1. 将鼠标移动到携程网首页上方的【机票】选项卡，如要查询国内航班，单击【国内机票】，国内机票查询页面如图 8-21 所示。

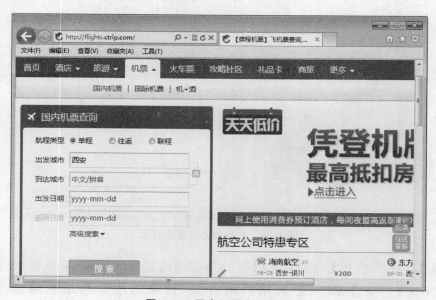

图 8-21 国内机票查询页面

步骤 2. 选择航程类型,输入出发城市(如西安)、到达城市(如石家庄)、出发日期等,单击【搜索】按钮,即可看到航班搜索结果页面,如图 8-22 所示。可看到各航班的航班号、机票价格、出发时间、到达时间、出发机场、到达机场等航班信息。

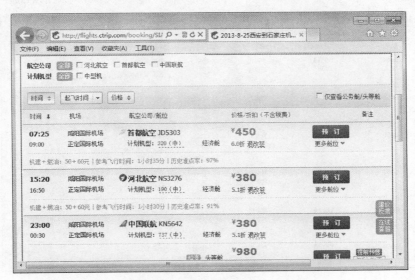

图 8-22　航班搜索结果页面

8.2.4　携程网上查询火车车次

携程网上查询火车车次的具体操作步骤如下。

步骤 1. 单击携程网首页上方的【火车票】选项卡,可看到火车票查询页面,如图 8-23 所示。可查询国内火车票和国际欧铁票。

图 8-23　火车票查询页面

步骤 2. 在国内火车票下,选择车票类型,输入出发城市、到达城市、出发日期等,单击【搜索】按钮,会显示所有的火车车次相关信息,如图 8-24 所示。

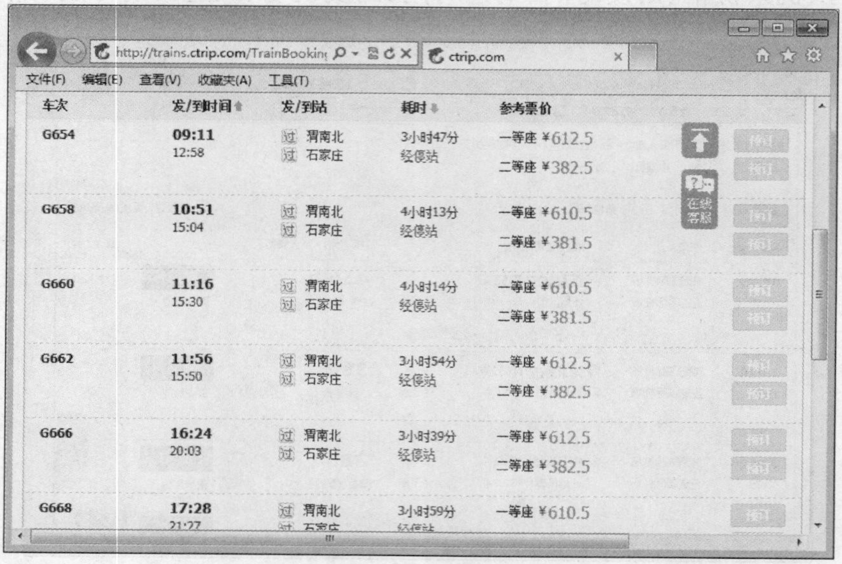

图 8-24　火车车次查询结果页面

在查询机票和车票信息后,如果对应的航班信息和车次信息后的【预订】按钮是蓝色可选的,表示有余票,用户就可以预订;如果是灰色的不可选的按钮,则表示没有余票,用户就不能预订机票或车票了。

8.2.5　网上预订车票

目前,中国铁路客户服务中心开通了 12306 火车票预订网站,因此用户可以通过 12306 网站订票,也可通过如携程网这样的综合旅游网站预订车票,下面主要来介绍通过 12306 网站预订车票的具体操作。

1. 网上购票用户注册及登录

步骤 1. 打开 IE,在地址栏输入"http://www.12306.cn/",即可进入 12306 铁路客户服务中心网站首页,如图 8-25 所示。

步骤 2. 单击页面左侧导航栏中的【网上购票用户注册】按钮,进入注册用户服务条款浏览页面,如图 8-26 所示。

步骤 3. 浏览服务条款后,单击条款下方的【同意】按钮,进入用户注册信息填写页面,如图 8-27 所示。

步骤 4. 正确填写注册信息后,单击【提交注册信息】按钮,可进入注册成功信息提示页面,如图 8-28 所示。

图 8-25　12306 铁路客户服务中心网站首页

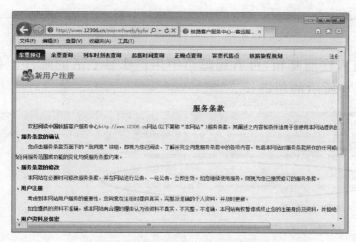

图 8-26　注册用户服务条款浏览页面

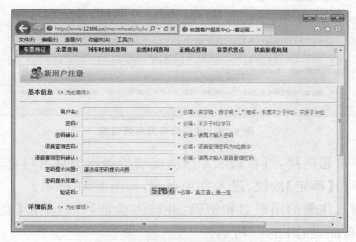

图 8-27　用户注册信息填写页面

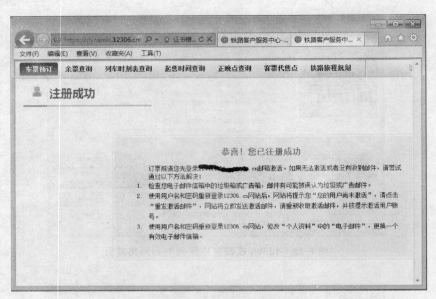

图 8-28　注册成功信息提示页面

步骤 5. 进入注册邮箱,可看到邮箱中用户账号激活的邮件。打开邮件之后,可看到如图 8-29 所示的超链接。

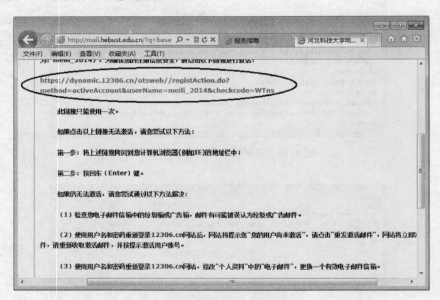

图 8-29　注册账号激活超链接

步骤 6. 单击超链接,可看到账号激活成功的提示信息窗口,如图 8-30 所示。

步骤 7. 单击【确定】按钮,进入登录页面,如图 8-31 所示。

步骤 8. 输入注册的用户名和密码,并输入验证码后,单击【登录】按钮,可进入我的 12306 页面,如图 8-32 所示。

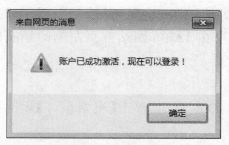

图 8-30　账号激活成功提示信息窗口

图 8-31　登录页面

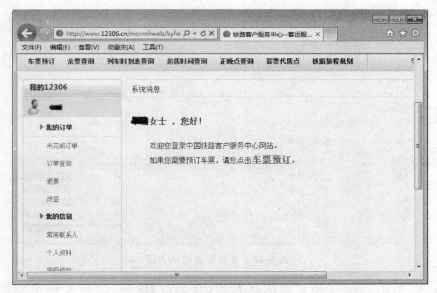

图 8-32　我的 12306 页面

这样,用户就注册成为 12306 会员,并成功登录了 12306,用户就可以进行网上预订车票。用户也可以在 12306 网站首页左侧的导航栏中单击【购票/预约】进入登录窗口进行登录。

2. 预订车票

步骤 1. 进入我的 12306 页面,单击【车票预订】超链接,即可进入车票查询页面,如图 8-33 所示。

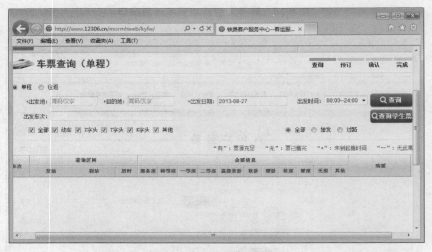

图 8-33 车票查询页面

步骤 2. 选择【单程】或【往返】前的单选按钮,输入出发地、目的地、出发日期等相关信息,单击【查询】按钮,即可看到车票查询结果页面,如图 8-34 所示。页面下方列出所有的车票信息。

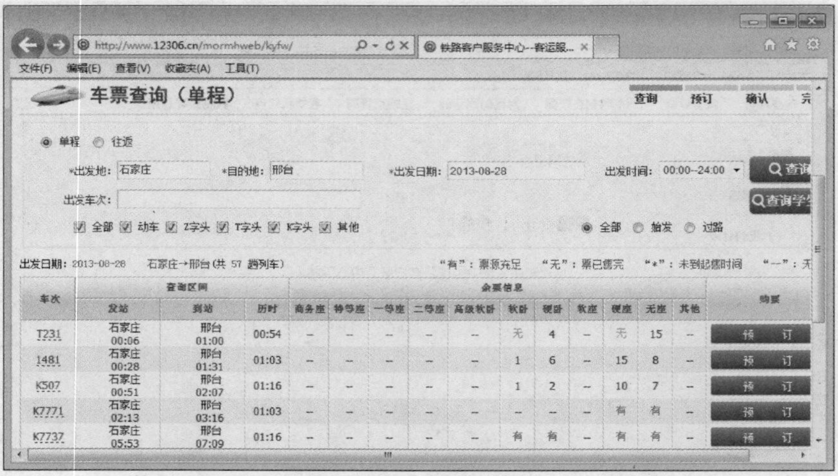

图 8-34 车票查询结果页面

步骤 3. 单击要预订的车票信息右侧的【预订】按钮,可进入到车票预订页面,如图 8-35 所示。

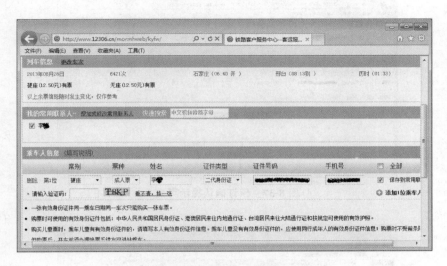

图 8-35　车票预订页面

步骤 4. 选择常用联系人下方的名字前的复选框，在乘车人信息下会自动填写乘车人信息，输入验证码，确认信息无误后，单击【提交订单】按钮，弹出提交订单确认窗口，如图 8-36 所示。

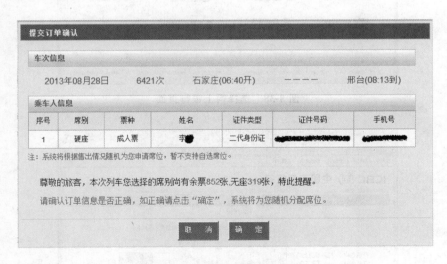

图 8-36　提交订单确认窗口

步骤 5. 确认订单无误，单击【确定】按钮，系统处理完成后，即可看到预订确认提示页面，如图 8-37 所示。可进行重新订票、取消订单和网上支付的操作。

步骤 6. 单击【网上支付】按钮，进入选择网上银行页面，如图 8-38 所示。

步骤 7. 单击选择所开通的网上银行，如中国工商银行，进入中国工商银行网上支付页面，如图 8-39 所示。

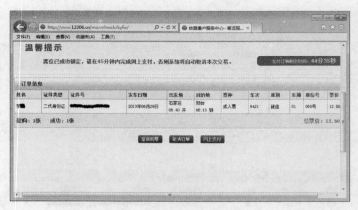

图 8-37　预订确认提示页面

图 8-38　选择网上银行页面

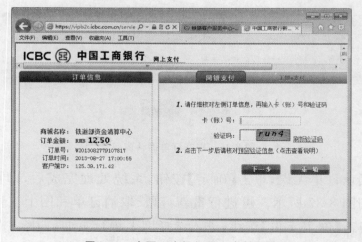

图 8-39　中国工商银行网上支付页面

步骤 8. 输入卡号和验证码,单击【下一步】按钮,可看到网上银行预留信息页面,如图 8-40 所示,显示用户开通网上银行时的预留信息。

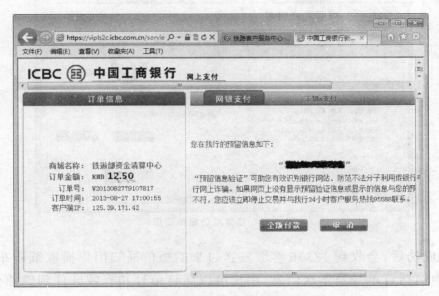

图 8-40　网上银行预留信息页面

步骤 9. 核对预留信息正确无误后,单击【全额付款】按钮,进入核对账号信息、金额等相关信息页面,如图 8-41 所示。

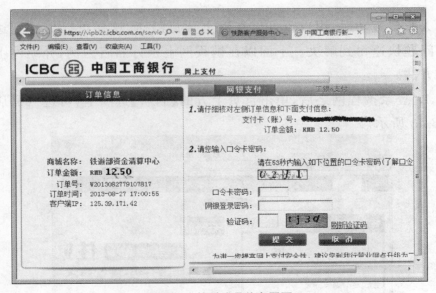

图 8-41　核对账号信息页面

步骤 10. 输入网银登录密码等信息后,单击【提交】按钮,进入交易成功页面,如图 8-42 所示,预订火车票成功。

图 8-42   交易成功显示页面

预订成功后,会收到 12306 客服发送过来的短信通知用户换取纸质车票的信息,信息中包括订单号及车次信息,用户可以凭订单号和有效证件到铁路代售点、车站自动售票机或车站售票窗口换取纸质车票后乘车。用户也可以在携程网上预订车票,可以参考以上的预订过程进行操作。

8.2.6   网上预订酒店

预订火车票成功后,用户也可以在网上预订酒店,这样可以保证到达目的地后的住宿问题快速得到解决。下面以在携程网上预订酒店为例,介绍网上预订酒店的操作方法。

步骤 1. 登录携程网之后,单击首页上方的【酒店】选项卡,可进入酒店查询页面,如图 8-43 所示。

图 8-43   酒店查询页面

　　步骤 2. 输入入住城市、入住日期、退房日期、关键词（例如：如家快捷）等，单击【搜索】按钮，可进入酒店搜索结果页面，如图 8-44 所示，可看到搜索到的酒店列表及每家酒店的相关信息等。

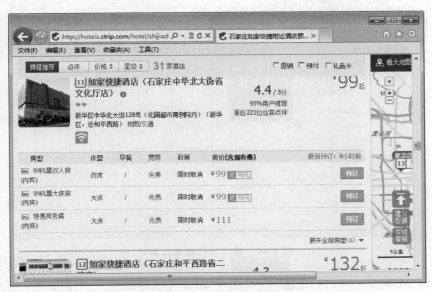

图 8-44　酒店搜索结果页面

　　步骤 3. 单击要预订的酒店名称，可进入特定酒店的详细信息页面，如图 8-45 所示，可看到该酒店的详细信息，如房型、价格、评价、酒店图片等信息。

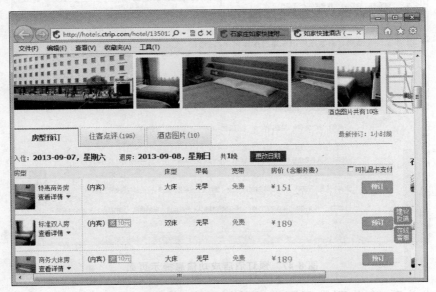

图 8-45　特定酒店详细信息页面

　　步骤 4. 在房型列表中，单击要预订的房型后的【预订】按钮，进入填写预订信息页面,如图 8-46 所示。

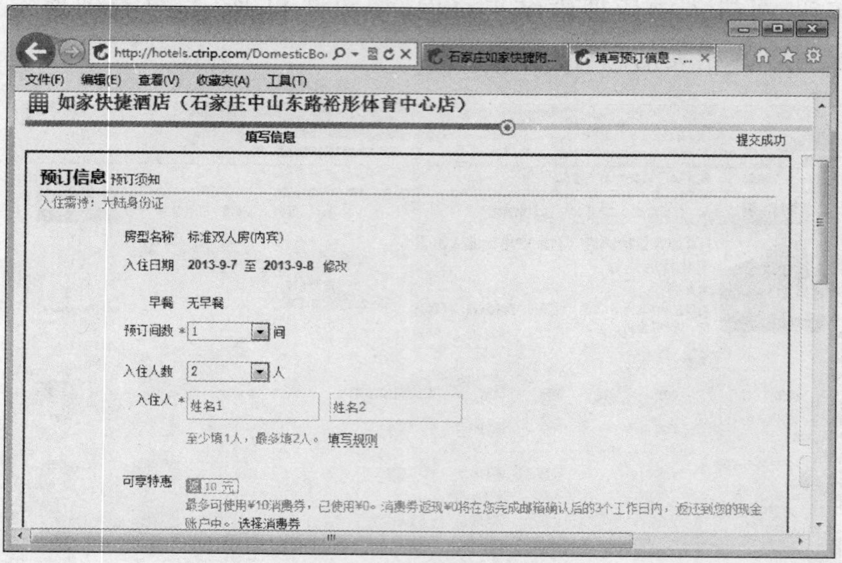

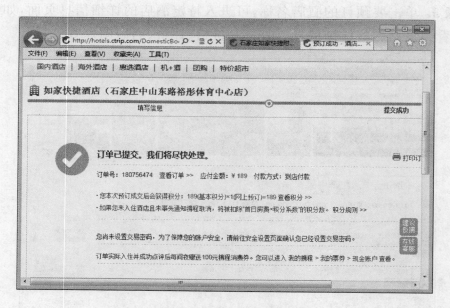

图 8-46　填写预订信息页面

　　步骤 5. 正确填写预订信息后,单击页面下方的【提交订单】按钮,进入预订酒店成功信息提示页面,如图 8-47 所示。

图 8-47　预订酒店成功信息提示页面

　　预订成功后,会收到携程网发送的短消息,根据消息提示,在特定时间入住酒店并到酒店后付款即可。

8.2.7 携程网上查询旅游信息

步骤 1. 单击携程网首页上方的【旅游】选项卡,即可进入携程网的旅游查询页面,如图 8-48 所示,修改页面左上角的城市,如选择"石家庄"。可以查询热门目的地、国内旅游、出境旅游、周边旅游等旅游信息。

图 8-48 旅游查询页面

步骤 2. 如单击页面左侧的【国内旅游】选项卡,单击【西双版纳】,进入旅游查询结果页面,如图 8-49 所示,该页面列出了所有到西双版纳的旅游线路及价格信息等。

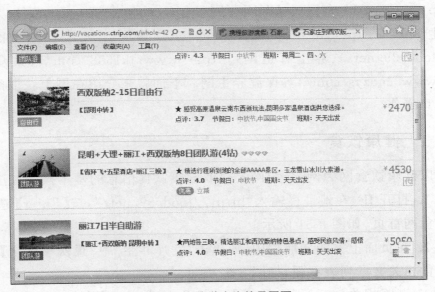

图 8-49 旅游查询结果页面

步骤 3. 单击旅游线路的标题,可进入特定线路详细信息页面,如图 8-50 所示,该页面列出了该线路相关的信息,如行程、景点图片等。

图 8-50 旅游线路详细信息页面

8.3 网上求医与保健

随着人们生活水平的提高和健康意识的增强,现代人越来越重视自己的健康状况,把养生保健放在日常生活的重要位置上。目前有很多相关的网站,如 39 健康网(http://www.39.net/)、寻医问药网(http://www.xywy.com/)、人民网的健康卫生频道(http://health.people.com.cn/)等医疗健康网;健康饮食网(http://food.39.net/)、养生有道网(http://www.jk1688.com/)、大众养生网(http://www.cndzys.com/)等保健养生网。下面就来介绍在网上获取医疗保健的相关信息操作。

8.3.1 健康饮食

下面以健康饮食网为例,介绍网上获取健康饮食信息的基本操作方法。

步骤 1. 打开 IE,在地址栏输入"http://food.39.net/",按【Enter】键,即可进入健康饮食网首页,如图 8-51 所示。

步骤 2. 在页面上方的导航栏中,如单击"食疗养生"中的【秋季饮食】,即可进入秋季饮食相关文章列表页面,如图 8-52 所示。

步骤 3. 浏览相关文章标题,并单击要查看的文章标题,进入文章浏览页面,

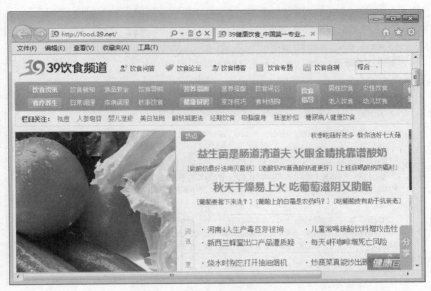

图 8-51　健康饮食网首页

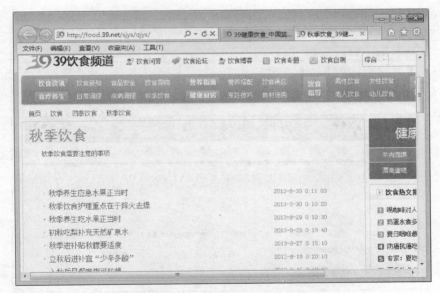

图 8-52　秋季饮食相关文章列表页面

如图 8-53 所示，可以通过阅读文章获取秋季饮食的相关知识。

8.3.2　健康保健

下面以 39 健康网为例，介绍网上获取健康保健知识的基本操作。

步骤 1. 打开 IE，在地址栏输入"http://www.39.net/"，按【Enter】键，即可进入 39 健康网首页，如图 8-54 所示。页面上方显示导航栏。

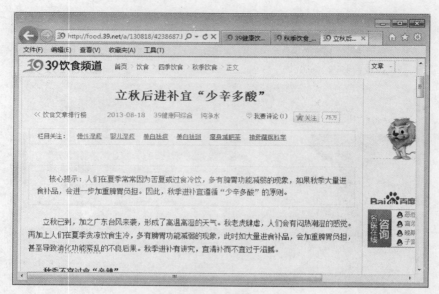

图 8-53　文章浏览页面

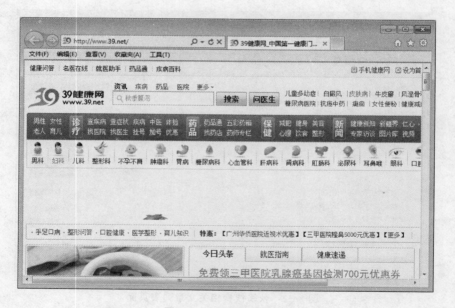

图 8-54　39 健康网首页

步骤 2. 在页面上方的导航栏中，如单击"保健"中的【健身】，可进入到 39 健康网的健身频道，页面显示如图 8-55 所示。页面上方的导航栏分为"时刻健身"、"时尚健身"等栏目。

步骤 3. 如单击"时刻健身"中的【家庭健身】，进入居家健身页面，如图 8-56 所示。该页面列出所有与家庭健身相关的文章标题。

图 8-55　39 健康网的健身频道页面

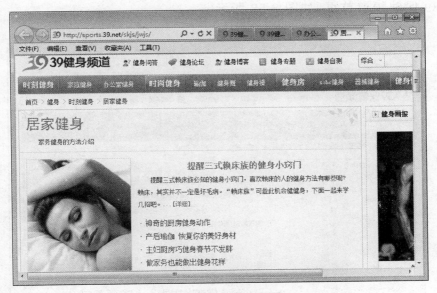

图 8-56　居家健身页面

步骤 4. 单击对应的文章标题，可进入文章浏览页面，如图 8-57 所示。用户可从该文章中获取日常健康保健的相关知识。

8.3.3　疾病防治

下面以 39 保健频道为例，介绍在网上获取相关疾病防治的相关知识。

步骤 1. 打开 IE，在地址栏输入"http://care.39.net/jbyf/"，按【Enter】键，即

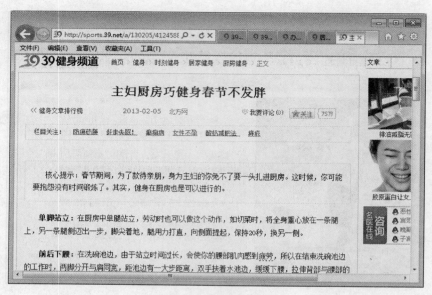

图 8-57　文章浏览页面

可进入 39 保健频道首页，如图 8-58 所示。

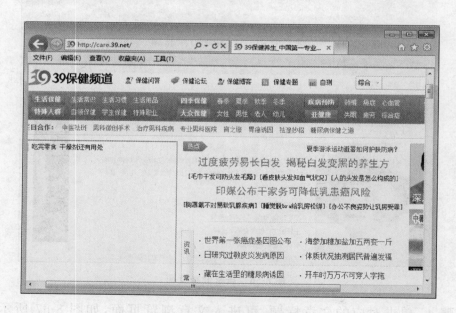

图 8-58　39 保健频道首页

　　步骤 2. 单击页面上方导航栏中的【疾病预防】，进入疾病预防页面，如图 8-59 所示。页面下方会列出不同疾病预防的相关文章标题。

　　步骤 3. 单击文章标题，进入文章浏览页面，如图 8-60 所示，用户通过该文章可以获取疾病的预防方法。

图 8-59　疾病预防页面

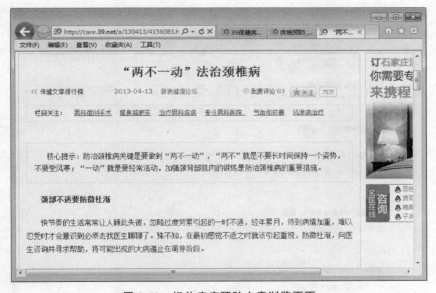

图 8-60　相关疾病预防文章浏览页面

8.3.4　寻医问药

下面以寻医问药网为例,介绍网上寻医问药的相关操作。

步骤 1. 打开 IE,在地址栏中输入"http://www.xywy.com/",按【Enter】键,即可进入寻医问药网首页,如图 8-61 所示。

步骤 2. 单击页面中间的搜索框后的【提问】按钮,进入寻医问药的有问必答

图 8-61　寻医问药网首页

页面,如图 8-62 所示。

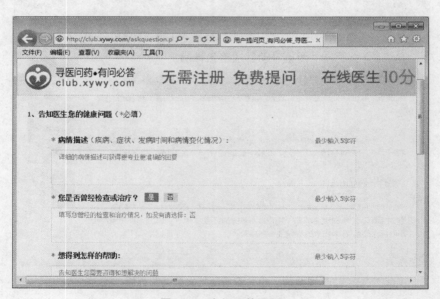

图 8-62　有问必答页面

步骤 3. 准确填写病情描述及其他相关信息后,单击页面下方的【提交咨询】按钮,进入问题成功提交信息提示页面,页面中会显示自动分配的用户名和密码,用于查看医生的回答,如图 8-63 所示。

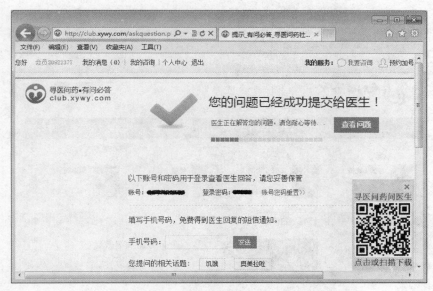

图 8-63　问题成功提交信息提示页面

8.4　网上阅读与论坛

互联网的迅速发展催生了网络阅读的兴起与快速发展。网络阅读是一种有别于传统纸张阅读的新型阅读方式,其特点是无纸张限制、无携带保存障碍、方便、节约资源。图书和相关信息保存于网络,一点即可阅读,不用案头堆积如山,耗费巨大木材资源。下面主要介绍网上看小说、杂志、新闻等的相关操作方法。

8.4.1　网上看小说与杂志

网上看小说的网站很多,如起点中文网(http://www.qidian.com/)、小说阅读网(http://www.readnovel.com/)、红袖添香(http://www.hongxiu.com/)等,下面列举几个读书网站来介绍网上读书的具体操作。

1. 红袖添香读原创作品

步骤 1. 打开 IE,在地址栏输入"http://www.hongxiu.com/",按【Enter】键,即可进入红袖添香网站首页,如图 8-64 所示。可看到快捷导航中的小说分类,如言情小说、幻侠小说、短篇小说等几类。

步骤 2. 移动鼠标到"快捷导航"上,单击选择某一类小说下的子类,如选择"幻侠小说"中的【悬疑小说】,进入幻侠小说中的悬疑频道页面,如图 8-65 所示。该页面列出了所有的悬疑小说。

步骤 3. 单击要阅读的小说标题,进入小说相关信息介绍页面,如图 8-66 所

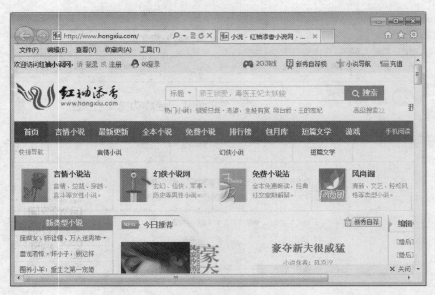

图 8-64　红袖添香网站首页

图 8-65　幻侠小说中的悬疑频道页面

示。该页面列出如作品简介、章节目录、小说评论等小说相关信息。

　　步骤 4. 查看作品简介后,用户如有意阅读,单击下方的【开始阅读】按钮,进入小说阅读页面,即可阅读小说,如图 8-67 所示。

　　2. 在线读书网中读名著

　　步骤 1. 打开 IE,在地址栏输入"http://ds.eywedu.com/",按【Enter】键,即可进入在线读书网首页,如图 8-68 所示。在页面上方可以看到不同类别书籍的分类,如世界名著、红色经典、名人传记等。

图 8-66　小说相关信息介绍页面

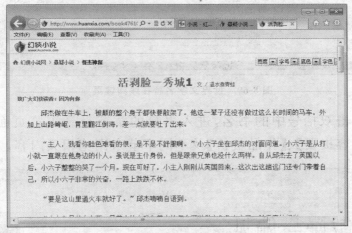

图 8-67　小说阅读页面

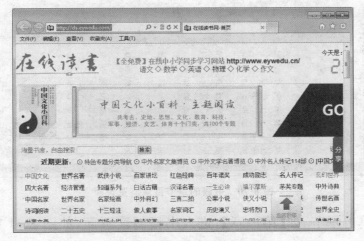

图 8-68　在线读书网首页

步骤 2. 单击选择要阅读的书籍分类，如单击【世界名著】，进入世界文学名著在线阅读页面，如图 8-69 所示。该页面列出了世界各个国家的文学名著，如英国、法国、美国等。

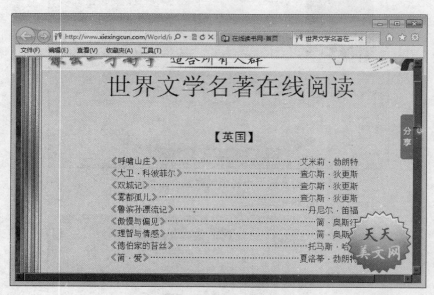

图 8-69　世界文学名著在线阅读页面

步骤 3. 单击双括号中的书名，进入书籍的章节目录浏览页面，如图 8-70 所示。可单击【内容提要】、【作品赏析】及不同章节来浏览相关内容。

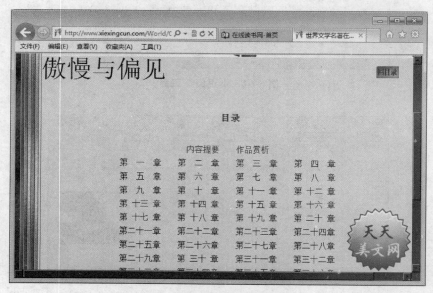

图 8-70　书籍的章节目录浏览页面

步骤 4. 单击章节，如【第一章】，进入书籍阅读页面，如图 8-71 所示。用户可以通过单击页面右侧的【上一页】、【下一页】、【回目录】按钮进行阅读。

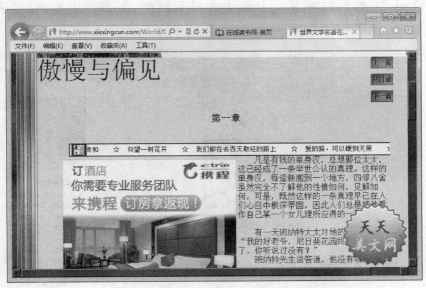

图 8-71　书籍阅读页面

3. 在线看《读者》

《读者》在线阅读站有我爱读者网（http://www.52duzhe.com/），读者在线阅读网（http://www.85nian.net/）等，下面以我爱读者网为例，介绍在线看《读者》的操作方法。

步骤 1. 打开 IE，在地址栏输入"http://www.52duzhe.com/"，按【Enter】键，即可进入我爱读者网首页，如图 8-72 所示。该页面列出了往期的《读者》。

图 8-72　我爱读者网首页

步骤 2. 单击某一期,如【2013 年第 16 期】超链接,进入本期《读者》的封面与目录浏览页面,如图 8-73 所示。页面上方显示封面,下方列出本期《读者》的文章目录。

图 8-73　《读者》封面与目录浏览页面

步骤 3. 单击文章名超链接,可进入文章阅读页面,如图 8-74 所示,用户可以开始阅读《读者》。

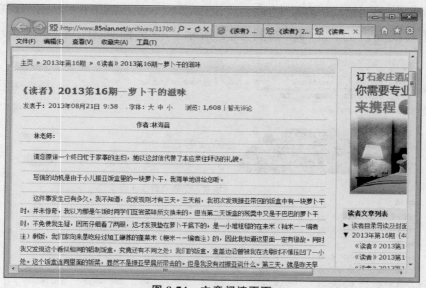

图 8-74　文章阅读页面

4. 使用 ZCOM 阅读电子杂志

ZCOM 杂志订阅器是一款专门为杂志下载提供的管理软件,具备杂志搜索、高速下载、自动管理等实用功能。只要安装 ZCOM 杂志订阅器，就可以免费下载《瑞丽》、《时尚》、《电影世界》、《中国国家地理》等品牌电子杂志。下面来介绍使用 ZCOM 阅读杂志的方法。

步骤 1. 打开 IE，在地址栏输入"http://www.zcom.com/"，即可进入 ZCOM 首页，如图 8-75 所示。

图 8-75　ZCOM 首页

步骤 2. 单击首页上方的【杂志软件】选项卡，进入软件下载页面，如图 8-76 所示。

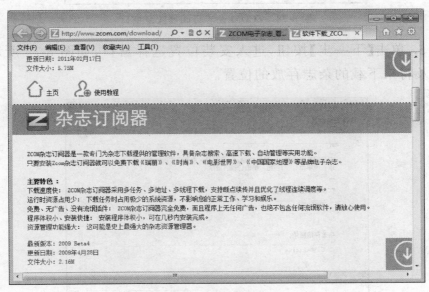

图 8-76　软件下载页面

步骤 3. 找到"杂志订阅器"，单击该软件信息介绍右下角的【立即下载】按钮，下载 ZCOM 杂志订阅器。下载完成后，在保存路径下，可看到如图 8-77 所示的程序图标。

图 8-77 下载的 ZCOM 订阅器程序图标

步骤 4. 双击程序图标，进入 ZCOM 杂志订阅器安装窗口，如图 8-78 所示。

图 8-78 ZCOM 杂志订阅器安装窗口

步骤 5. 单击【下一步】按钮，进入安装位置选择窗口，如图 8-79 所示。选择安装位置及将来下载的杂志存放的位置。

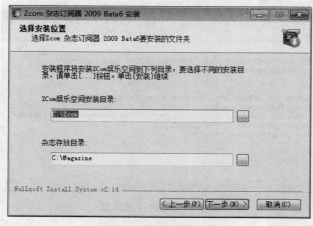

图 8-79 安装位置选择窗口

步骤 6. 依次单击【下一步】按钮,最后单击【完成】按钮,完成 ZCOM 的安装,在桌面上可看到 ZCOM 的图标,如图 8-80 所示。

图 8-80 杂志订阅器图标

步骤 7. 双击杂志订阅器图标,打开 ZCOM 杂志订阅器窗口,如图 8-81 所示。

图 8-81 ZCOM 杂志订阅器窗口

步骤 8. 单击浏览类别中的某一类,如单击【时尚】,可进入到时尚杂志窗口中,如图 8-82 所示。

图 8-82 时尚杂志窗口

步骤 9. 单击某一种杂志图标,进入杂志首页窗口中,如图 8-83 所示。可单击杂志图标下方的【客户端下载】按钮下载杂志,也可单击【立即阅读】按钮进行在线阅读。

图 8-83　杂志首页窗口

步骤 10. 如要下载杂志,单击【客户端下载】按钮,进入杂志下载窗口,如图 8-84所示。在杂志订阅器左侧的"正在下载"中显示当前的下载进度。

图 8-84　杂志下载窗口

步骤 11. 下载完成后,在"已下载"中会显示下载完成的电子杂志,如图 8-85 所示。

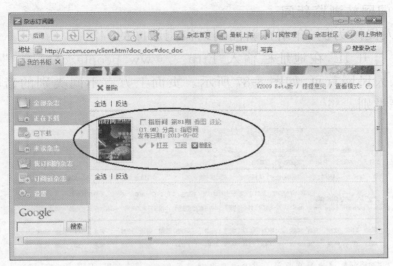

图 8-85 已下载的电子杂志

步骤 12. 单击【打开】按钮,进入电子杂志浏览窗口,如图 8-86 所示,用户可通过窗口上方和下方的按钮随意阅读杂志。

图 8-86 杂志阅读窗口

8.4.2 网上看新闻

爱看新闻的用户除了可以从纸质的报纸、电视、收音机等大家熟悉的媒介中获取新闻信息外,还可以通过网络获取新闻信息,用户可以上新闻网站,如新浪新闻

（http：//news. sina. com. cn/）、搜狐新闻（http：//news. sohu. com/）、人民网（http：//www. people. com. cn/）等新闻网站。下面就来介绍网上看新闻的基本操作。

1. 在新闻网站浏览新闻

这里以人民网为例，介绍在新闻网站浏览新闻的方法。

步骤 1. 打开 IE，在地址栏输入"http：//www. people. com. cn/"，按【Enter】键，即可进入人民网首页，如图 8-87 所示。页面上方有不同类别的新闻，如国际、军事、时政等类别。

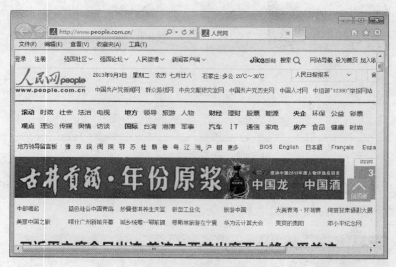

图 8-87　人民网首页

步骤 2. 单击某一类新闻的类别名，如【军事】，进入人民网的军事页面中，如图 8-88 所示。

图 8-88　人民网的军事页面

步骤 3. 单击新闻标题,进入新闻浏览页面,如图 8-89 所示。用户就可以看新闻了。

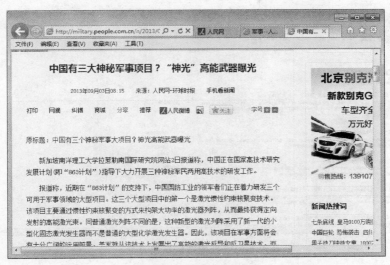

图 8-89 新闻浏览页面

2. 搜索并查看新闻信息

下面以新浪新闻为例介绍新闻网站搜索新闻信息的方法。

步骤 1. 打开 IE,在地址栏输入"http://news.sina.com.cn/",按【Enter】键,即可进入新浪新闻中心首页,如图 8-90 所示。在页面的右上角可看到新闻搜索框。

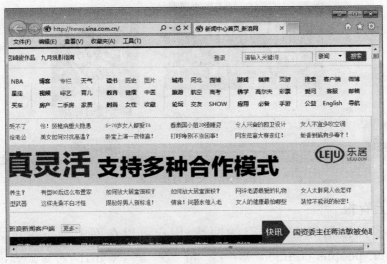

图 8-90 新浪新闻中心首页

步骤 2. 在搜索框输入新闻关键字,如输入"G2O",单击【搜索】按钮,进入相关新闻搜索结果页面,如图 8-91 所示,该页面列出所有和关键字相关的新闻。

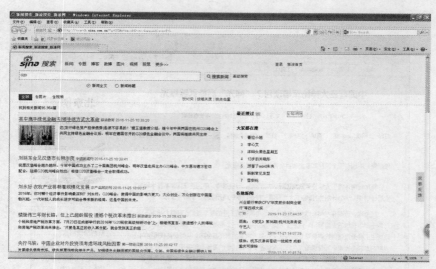

图 8-91　新闻搜索结果页面

步骤 3. 单击结果页面中要查看的新闻的蓝色标题超链接,进入新闻浏览页面,如图 8-92 所示,用户可以浏览新闻。

图 8-92　新闻浏览页面

3. 在网上看报

目前,很多的报纸都有了自己的网站,用户可以在网上浏览报纸,如人民日报(http://paper.people.com.cn/),经济观察(http://www.eeo.com.cn/epaper/),中老年报(http://epaper.jwb.com.cn/)等在线电子报纸。下面以人民日报为例,介绍网上看报纸的操作方法。

步骤 1. 打开 IE,在地址栏输入"http://paper. people. com. cn/",按【Enter】键,即可进入人民日报网首页,如图 8-93 所示。页面的左侧显示当天报纸的电子版,右侧显示报纸的版面目录及 01 版的要闻。

图 8-93 人民日报网首页

步骤 2. 单击右侧版面目录中的某一版,如单击【05 版 评论】,可进入报纸对应版面显示页面,如图 8-94 所示。

图 8-94 用户所选择的版面显示页面

步骤 3. 移动鼠标到左侧的报纸电子版上,待鼠标变成小手形状时,单击鼠标,进入该版面阅读页面,如图 8-95 所示。该页面右侧会显示该版面的第一条评论,阅读之后可以单击评论下方的【下一篇】阅读后续内容。

图 8-95　报纸阅读页面

第9章　上网玩游戏

网络游戏是当今互联网上一种非常流行的娱乐方式,本章主要介绍如何在 QQ 游戏大厅和 QQ 空间中进行游戏娱乐。通过对本章的学习可以使读者了解 QQ 游戏大厅的安装方法,掌握常见 QQ 游戏的安装和玩法,以及在 QQ 空间中 QQ 农场和 QQ 牧场的玩法等。

9.1　QQ 游戏大厅

QQ 游戏是腾讯公司的游戏产品,是全球最大"休闲游戏社区平台",拥有超百款游戏品类,涵盖棋牌麻将、休闲竞技、桌游、策略、养成、模拟经营、角色扮演等游戏种类,是名副其实的综合性精品游戏社区平台。对于中老年朋友,QQ 游戏很适合休闲娱乐,因为 QQ 游戏中大多是益智、趣味类游戏,包括了很多现实生活中经常玩的棋类、纸牌类等游戏,玩起来不费力且容易上手。

9.1.1　安装 QQ 游戏大厅

要玩 QQ 游戏,首先要安装 QQ 游戏大厅,下载和安装 QQ 游戏大厅的方法有两种。

1. 从 QQ 下载 QQ 游戏大厅

登录 QQ 后,单击 QQ 面板下方的【QQ 游戏】按钮,即可启动并在线安装 QQ 游戏大厅,具体操作方法如下。

步骤 1. 启动 QQ,在 QQ 面板下方单击【QQ 游戏】按钮,如图 9-1 所示。

步骤 2. 初次使用 QQ 游戏会弹出【在线安装】对话框,如图 9-2 所示,单击【安装】按钮。

步骤 3. 此时会自动下载 QQ 游戏安装包,如图 9-3 所示,需要稍等片刻。

步骤 4. 待下载完毕后,弹出【QQ 游戏安装向导】窗口的【欢迎】对话框,如图 9-4 所示。

步骤 5. 单击【接受并继续】按钮,进入【选择】窗口,如图 9-5 所示。在【安装位置】处已经有默认的安装位置,若要选择不同的安装位置,可单击【浏览】按钮,设置游戏的安装路径。

步骤 6. 单击【安装】按钮,进入【安装】窗口,如图 9-6 所示,窗口中显示安装

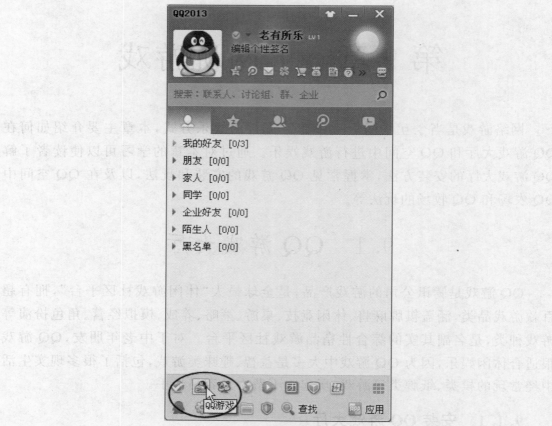

图 9-1　【QQ 游戏】按钮

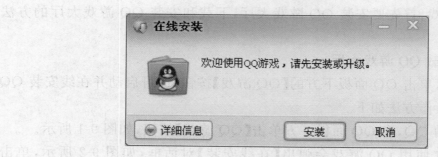

图 9-2　【在线安装】对话框

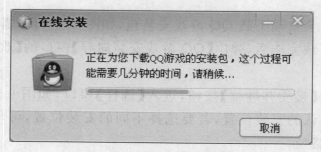

图 9-3　下载 QQ 游戏安装包

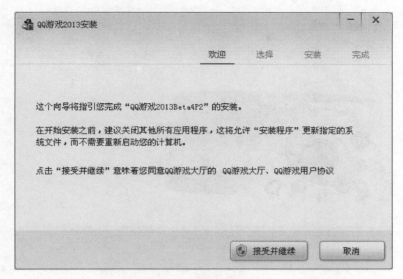

图 9-4 【欢迎】对话框

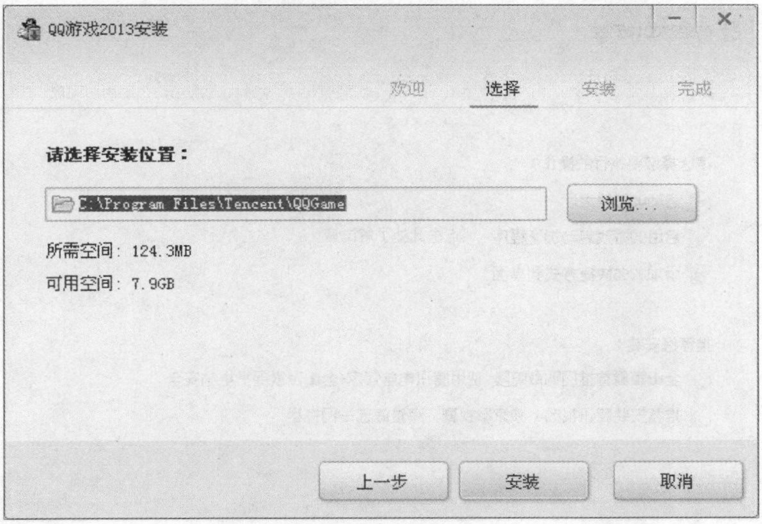

图 9-5 【选择】窗口

进度。

步骤 7. 安装完成后,进入【完成】窗口,如图 9-7 所示。根据需要,选择要执行的操作。如果不需要安装推荐的程序,则取消勾选该推荐前面的复选框即可。

步骤 8. 单击【完成】按钮,完成 QQ 游戏的安装,此时桌面会出现【QQ 游戏】的图标,如图 9-8 所示。

2. 从 QQ 游戏官方网站获取

从 QQ 游戏官方网站安装 QQ 游戏大厅的操作方法如下。

步骤 1. 启动 IE,在地址栏输入"http://qqgame.qq.com",单击【Enter】键,

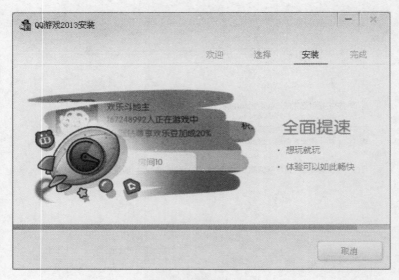

图 9-6 【安装】窗口

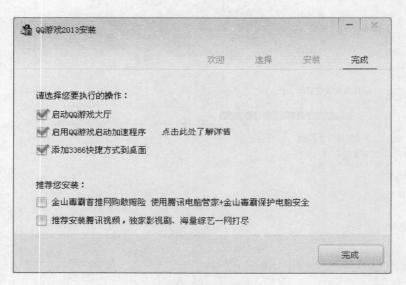

图 9-7 【完成】窗口

图 9-8 【QQ 游戏】图标

即可进入 QQ 游戏官方网站，如图 9-9 所示。

步骤 2. 根据需要选择要下载安装的 QQ 游戏版本，如单击【2013 版本立即下载】按钮下载安装程序，下载后的安装程序如图 9-10 所示。

步骤 3. 单击下载的 QQ 游戏安装程序，打开安装向导窗口，之后的操作方法

图 9-9 QQ 游戏官方网站

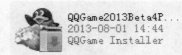

图 9-10 QQ 游戏安装程序

同从 QQ 下载安装 QQ 游戏大厅的方法一样。

9.1.2 登录 QQ 游戏大厅

安装好 QQ 游戏大厅后,只有进入 QQ 游戏大厅,才能享受游戏的乐趣。登录 QQ 游戏大厅的方法如下。

步骤 1. 登录 QQ,在 QQ 面板中单击下方的【QQ 游戏】按钮,如图 9-11 所示。

步骤 2. 在弹出的 QQ 游戏【登录】窗口中,程序将自动进行登录,如图 9-12 所示。

步骤 3. 第一次登录 QQ 游戏大厅会出现【新手引导】窗口,如图 9-13 所示。

步骤 4. 单击【下一步】按钮,会自动演示如何寻找添加游戏,如图 9-14 所示。

步骤 5. 单击【跳过引导领礼包】按钮,进入【领取新手礼包】窗口,如图 9-15 所示。

步骤 6. 单击【一键领取礼包】按钮,进入【实名注册】窗口,如图 9-16 所示,输入真实姓名和身份证号码,单击【提交并领奖】按钮,即可进入游戏大厅。如果用户不想进行实名注册,则单击窗口右下角的【跳过注册,进入大厅】命令,也可直接进入游戏大厅。

图 9-11 【QQ 游戏】按钮

图 9-12 QQ 游戏【登录】窗口

步骤 7. 进入 QQ 游戏大厅后，在左侧可以看到所有游戏项目，如图 9-17 所示。其中在【我的游戏】区域中，彩色图标的游戏代表已经安装好的游戏，灰色图标的游戏代表该游戏尚未安装。

图 9-13　【新手引导】窗口

图 9-14　演示步骤

图 9-15　【领取新手礼包】窗口

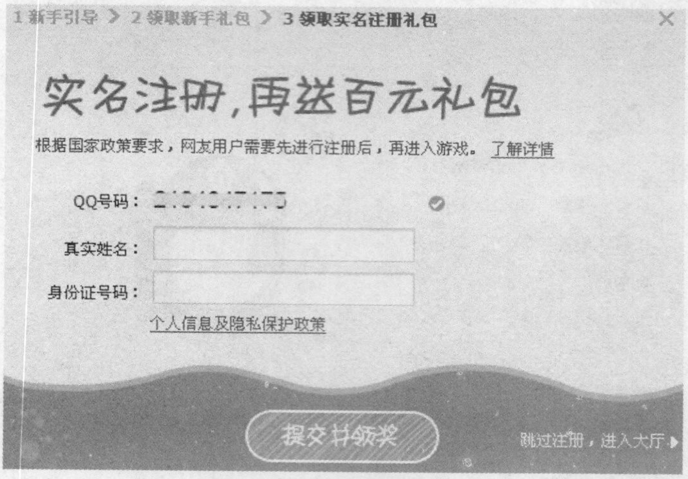

图 9-16 　【实名注册】窗口

图 9-17 　QQ 游戏大厅

9.2　在 QQ 游戏大厅玩游戏

安装好 QQ 游戏大厅后，用户就可以进入游戏大厅找寻自己喜欢的游戏了。在玩游戏之前，必须先安装某个游戏，才能够玩该游戏。

9.2.1　与老友"斗地主"

1. 添加"斗地主"游戏

玩游戏之前，要先进行安装，具体操作步骤如下。

步骤 1. 登录 QQ 游戏大厅,在左侧游戏分类中选择【棋牌游戏】类别,找到"斗地主"游戏,如图 9-18 所示。

图 9-18　查找"斗地主"

步骤 2. 双击游戏名称,窗口右侧区会域出现该游戏的介绍和一些游戏截图,如图 9-19 所示。

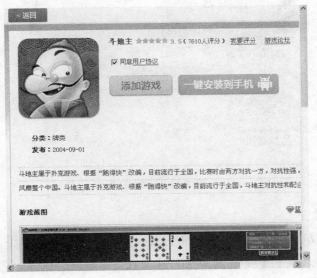

图 9-19　游戏介绍

步骤 3. 单击【添加游戏】按钮，进入 QQ 游戏更新窗口，如图 9-20 所示，在该窗口中显示游戏下载及安装的进度。

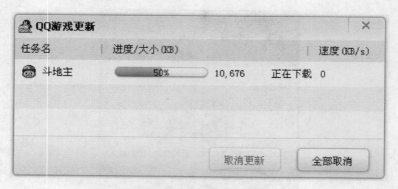

图 9-20　QQ 游戏更新窗口

步骤 4. 游戏添加完毕后，"斗地主"游戏图标会变成彩色，同时被放入到 QQ 游戏大厅左侧【我的游戏】区域中，并出现信息提示，如图 9-21 所示。至此，游戏就安装完成了。

图 9-21　添加成功

2. 开始"斗地主"

游戏添加完成后，就可以玩"斗地主"游戏了，具体操作如下。

步骤 1. 在游戏大厅【我的游戏】区域单击"斗地主"图标，打开游戏窗口，如图 9-22 所示，窗口左侧是该游戏的游戏区列表。

图 9-22　游戏窗口中的游戏区列表

提示：每个游戏区后面的数字代表该区中当前的玩家人数。每个区图标右下角的小圆点，标识这个区当前的人数负载状况。小圆点为红色表示爆满，橘色表示拥挤，绿色表示空闲，用户可以根据需要选择一个区进入。

步骤 2. 单击一个区，展开该区的房间列表，如图 9-23 所示。房间名称后面括号中的数字表示该房间当前的玩家人数，350 人表示满员。

步骤 3. 单击要进入的房间名，进入游戏房间，如图 9-24 所示。其中，每个游戏房间中有多个游戏桌，游戏桌为彩色表示已经开始游戏；灰色表示未开始游戏；显示为灰色带问号的座位表示空闲，还没有玩家加入。

步骤 4. 单击要加入的游戏桌的空闲座位加入游戏，如图 9-25 所示。

步骤 5. 单击【开始】按钮，准备开始游戏。待 3 位玩家全部准备好后，系统开始发牌，并随机获取地主资格，如图 9-26 所示。如果自己获取了地主资格，可以选择分数或者【不叫】。

步骤 6. 单击要出的牌将其抽出，然后单击【出牌】按钮或者右击鼠标即可出牌，如果不出牌可单击【不出】按钮跳过，如图 9-27 所示。

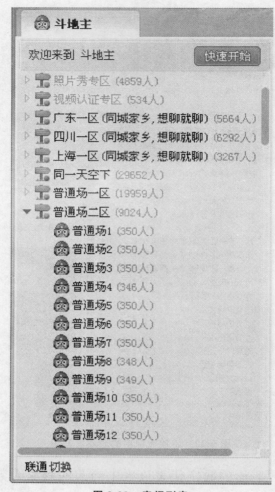

图 9-23　房间列表

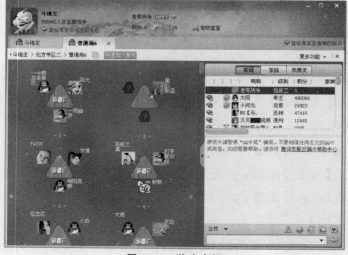

图 9-24　游戏房间

图 9-25 加入游戏

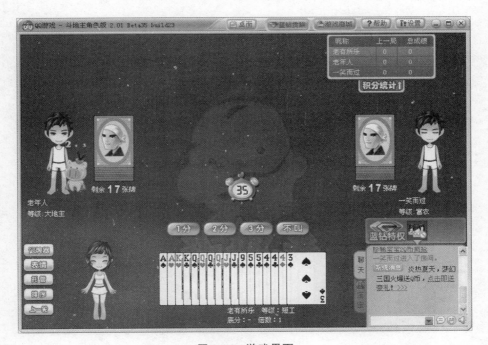

图 9-26 游戏界面

步骤 7. 游戏结束后,弹出窗口显示本局得分情况,如图 9-28 所示。如果继续游戏,单击【开始】按钮;如果要退出游戏,关闭窗口即可。

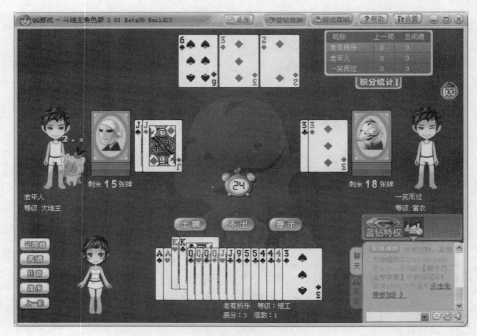

图 9-27　出牌

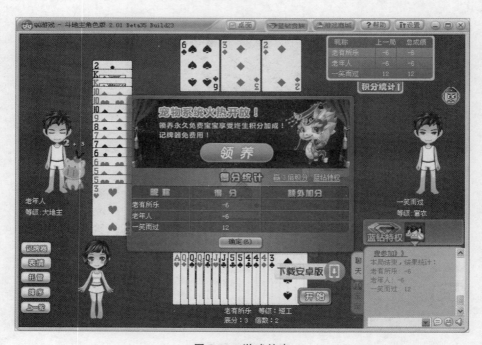

图 9-28　游戏结束

9.2.2　与棋友下象棋

很多老年朋友都喜欢下象棋,却常常苦于找不到棋友,如果学会了在网上下象棋,则随时都可以杀上一局。下面介绍在 QQ 游戏中玩"中国象棋"的方法。

1. 添加"中国象棋"游戏

在玩游戏之前,要先进行安装,具体操作步骤如下。

步骤 1. 登录 QQ 游戏大厅,依次单击【游戏库】→【棋类】按钮,找到"中国象棋"游戏,如图 9-29 所示。

图 9-29 "中国象棋"游戏

步骤 2. 单击"中国象棋"的【详情】按钮,打开该游戏介绍,如图 9-30 所示。

图 9-30 "中国象棋"介绍

步骤 3. 单击【添加游戏】按钮,游戏自动下载并安装。安装完成后,在 QQ 游戏大厅【我的游戏】区域会出现"中国象棋"图标，如图 9-31 所示。

图 9-31 "中国象棋"图标

2. 开始下象棋

步骤 1. 单击【我的游戏】区域中的"中国象棋"图标进入游戏，在游戏列表中展开房间列表，选择一个房间并双击鼠标进入，如图 9-32 所示。

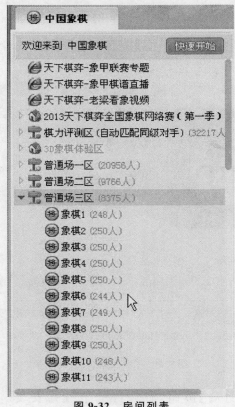

图 9-32 房间列表

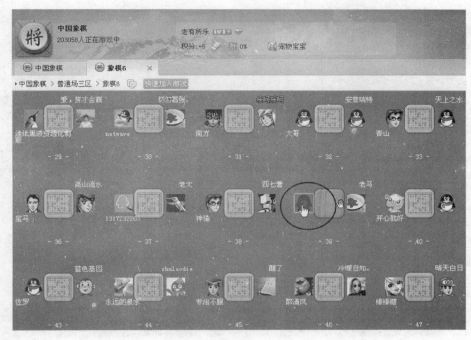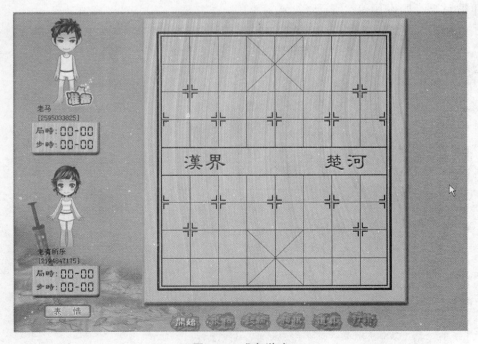

步骤 4. 当双方都单击【开始】按钮后，弹出对话框，如图 9-35 所示，显示本局各方总用时和超时后每步限时时间，单击【确定】按钮，开始下棋，同时计时器开始工作。

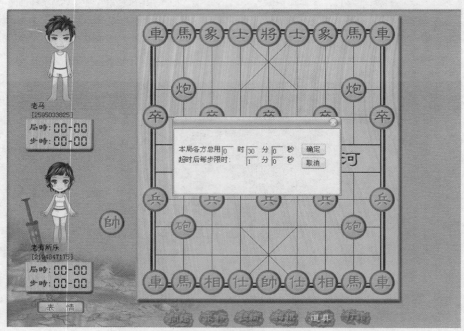

图 9-35　设置游戏时间

步骤 5. 当轮到自己走棋时，首先单击要移动的棋子，然后单击目标位置，棋子就可被移动，如图 9-36 所示。

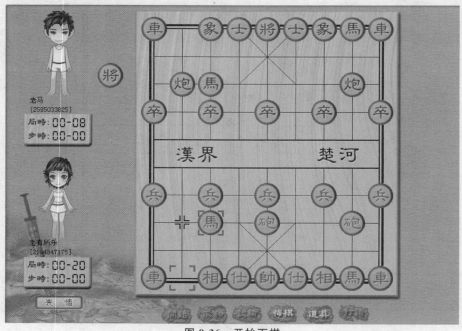

图 9-36　开始下棋

步骤 6. 游戏结束后会弹出一个小窗口显示得分情况,如图 9-37 所示。单击【保存棋谱】按钮可保存本局。单击【确定】按钮返回到游戏窗口可以继续游戏。如果想退出游戏,直接关闭窗口即可。

说明:在游戏进行过程中,如果对某一步不满意,在对方未做出操作时,可以单击游戏窗口下方的【悔棋】按钮重走一

象棋对局结果		
玩家	状态	得分
老马	赢	1
老有所乐	输	-1

保存棋谱　确定

图 9-37　象棋对局结果

步;当因某些原因需要退出游戏,而游戏还未结束时,可以单击【求和】按钮发送结束请求,等待对方的响应。

9.2.3　网上打麻将

麻将是日常生活中常见的娱乐活动,每个地方打麻将的规则各不相同。QQ 游戏中也将麻将分了多个类型,虽然游戏规则不同,但是游戏方法却是一样的。下面以"QQ 麻将"为例,介绍在 QQ 游戏中打麻将的方法。

步骤 1. 登录 QQ 游戏大厅,依次单击【游戏库】→【麻将】按钮,找到"QQ 麻将"游戏,如图 9-38 所示。

图 9-38　QQ 麻将

步骤 2. 单击"QQ 麻将"的【详情】按钮，打开游戏介绍，如图 9-39 所示。

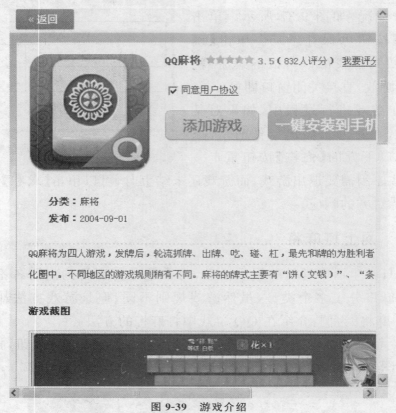

图 9-39　游戏介绍

　　步骤 3. 单击【添加游戏】按钮，下载并安装游戏。然后单击【我的游戏】区域中的"QQ 麻将"图标进入游戏，如图 9-40 所示。

图 9-40　"QQ 麻将"图标

步骤 4. 在游戏列表中展开房间列表,选择一个房间,双击鼠标进入该房间,如图 9-41 所示。

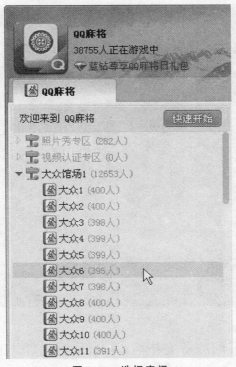

图 9-41　选择房间

步骤 5. 房间中有许多游戏桌,每桌可坐 4 个玩家,找到一个空位并单击,或者直接单击【快速加入游戏】按钮,如图 9-42 所示,即可加入游戏桌。

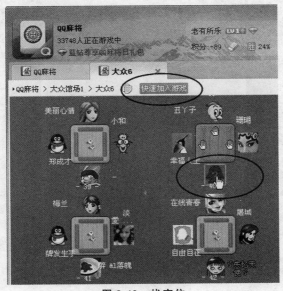

图 9-42　找空位

步骤 6. 在打开的游戏窗口内单击下方的【开始】按钮,准备游戏,如图 9-43 所示。

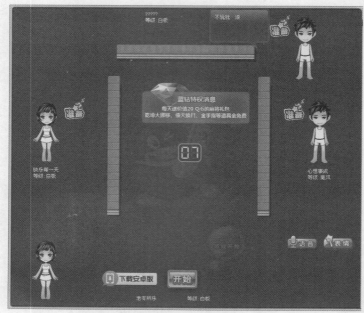

图 9-43　准备游戏

步骤 7. 待 4 位玩家均准备完毕后,系统开始发牌进行游戏。窗口中心位置的计时器指向该出牌的玩家,轮到自己出牌时,单击要出的牌即可,如图 9-44 所示。

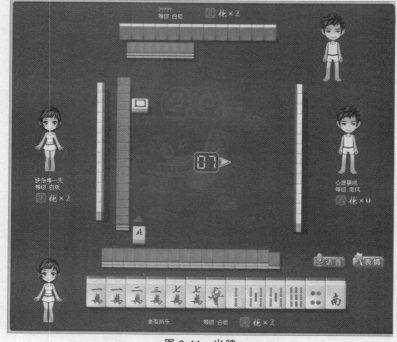

图 9-44　出牌

步骤 8. 当可以吃、碰、杠、听或者和牌的时候,游戏均会出现提示信息,如图 9-45 所示,单击相应的按钮即可。如果不想进行这些操作,选择提示信息下方的 【放弃】按钮即可。

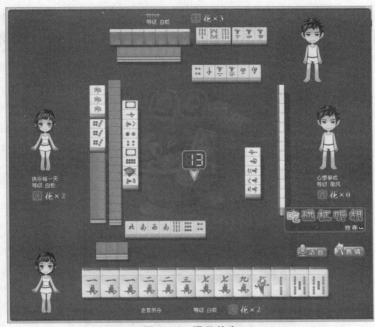

图 9-45　提示信息

步骤 9. 有玩家和牌后游戏结束,弹出【结算】窗口显示得分情况,如图 9-46 所示。如果继续游戏单击【确定】按钮,如果想退出游戏,关闭游戏窗口即可。

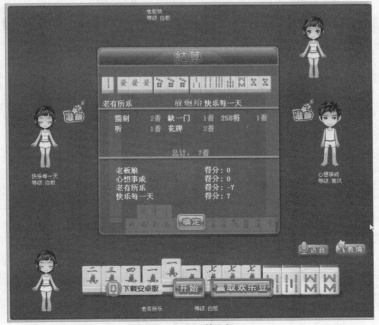

图 9-46　【结算】窗口

9.3　在 QQ 空间玩游戏

QQ 空间提供了多种游戏，如 QQ 农场、QQ 牧场等，其趣味性和娱乐性深受广大用户的喜爱。用户可以将感兴趣的游戏添加到应用列表中，方便使用。下面主要介绍 QQ 农场和 QQ 牧场的玩法。

9.3.1　添加游戏应用

在 QQ 空间玩游戏，需要将游戏应用添加到 QQ 空间的【应用】中，以"QQ 超市"为例，添加应用的具体方法如下。

步骤 1. 登录 QQ，在 QQ 面板中单击 QQ 头像下方的【QQ 空间】按钮，如图 9-47 所示，进入 QQ 空间个人中心。

图 9-47　【QQ 空间】按钮

步骤 2. 在 QQ 空间个人中心的左侧列表中单击【添加新应用】链接，如图 9-48 所示，打开应用中心页面。

图 9-48　【添加新应用】链接

　　步骤 3. 在应用中心页面,依次单击【游戏】→【模拟经营】,找到"QQ 超市"图标,单击【添加】按钮,如图 9-49 所示。

图 9-49　添加游戏

　　步骤 4. 在打开的"QQ 超市"介绍页面中,单击"进入应用"链接,如图 9-50 所示,即可添加并自动进入 QQ 超市。

图 9-50　进入应用

9.3.2　在 QQ 农场种菜

QQ 农场是一款简单易懂,老少适宜的游戏,用户在自己的农场里开垦土地,种植各种蔬菜和水果,并可以利用 QQ 好友列表进入到其他好友的农场中偷取果实。QQ 农场的具体玩法如下。

1. 基本操作

步骤 1. 在 QQ 空间个人中心左侧应用列表中找到"QQ 农场"超链接,如图 9-51 所示,单击其进入游戏。如果列表中没有"QQ 农场",需要将其添加进来,方法如"QQ 超市"的添加。

图 9-51 "QQ 农场"超链接

步骤 2. 打开游戏页面后,首先弹出【新手引导】对话框,如图 9-52 所示。查看完毕后,单击【下一页】按钮,出现新的引导信息,再单击【下一页】按钮,直至完成所有的新手引导。

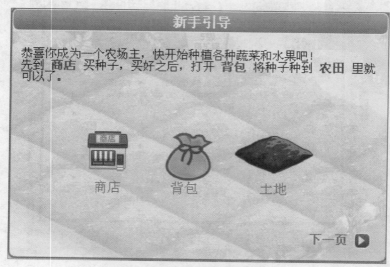

图 9-52 【新手引导】对话框

步骤 3. 在新手引导的最后一页单击【我明白了】按钮，如图 9-53 所示，弹出【新手礼包】对话框，如图 9-54 所示。

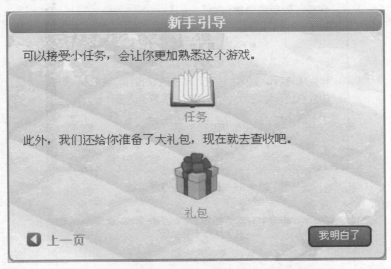

图 9-53 【新手引导】最后一页

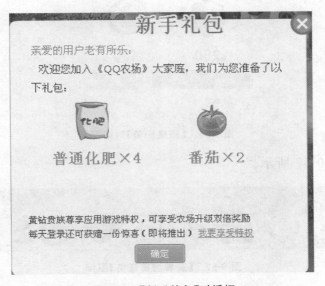

图 9-54 【新手礼包】对话框

步骤 4. 单击【确定】按钮，弹出【领取任务】对话框，如图 9-55 所示，单击【接受】按钮，根据任务提示去完成任务。

步骤 5. 完成任务后弹出【完成任务】对话框，单击【进行下一个任务】按钮，完成其他任务，如图 9-56 所示。

步骤 6. 按照提示依次完成所有新手任务。如果用户不想做新手任务，单击【取消】按钮即可。单击游戏窗口下方的【查看当前任务】图标，可以再次打开【任

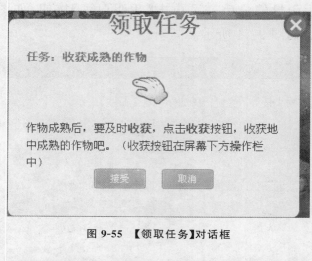

图 9-55　【领取任务】对话框

图 9-56　【完成任务】对话框

务】对话框，如图 9-57 所示。

图 9-57　【查看当前任务】图标

　　当把所有新手任务完成后，农场主们也就学会了如何在自己的农场种菜、出售、浇水、除草、除虫、施肥等。

2. 去好友农场偷菜

　　开通 QQ 农场后，QQ 农场会自动将已开通 QQ 农场的好友添加到农场好友列表中，农场主们可以通过好友列表进入好友的农场，具体方法如下。

　　步骤 1. 单击右侧【好友列表】将其展开，如图 9-58 所示。

　　步骤 2. 在好友列表中单击某个好友，即可打开好友的农场，可以帮好友除

图 9-58　好友列表

草、杀虫、浇水。在好友名称右侧有手形图标的说明该好友的农场有成熟的果实可以摘取,如图 9-59 所示。

图 9-59　好友农场

步骤 3. 单击右上角的小房子图标,如图 9-60 所示,可以返回到自己的农场。

3. 在鱼塘养鱼

在 QQ 农场中还可以开启鱼塘养鱼,操作方法如下。

步骤 1. 在农场下方的鱼塘内单击【免费开启】告示牌,如图 9-61 所示,开启鱼塘。

图 9-60　【返回自己的农场】图标

图 9-61　开启鱼塘

步骤 2. 单击下方【商店】图标,打开商店,单击【鱼苗】选项,选择要养的鱼苗,如图 9-62 所示。

步骤 3. 单击某一鱼苗图标,打开【购买鱼苗】对话框,输入鱼苗数量,单击【确定】按钮即可,如图 9-63 所示。

9.3.3　在 QQ 牧场养动物

QQ 牧场的具体玩法如下。

图 9-62 选择鱼苗

图 9-63 购买鱼苗

步骤 1. 在 QQ 空间个人中心左侧应用列表中找到"QQ 牧场"超链接,如图 9-64 所示,单击其进入游戏。如果列表中没有"QQ 牧场",需要将其先添加进来。

步骤 2. 打开游戏页面后,首先弹出【新手引导】窗口,如图 9-65 所示。查看完毕后,单击【下一页】按钮,出现新的引导信息,再单击【下一页】按钮,直至完成所有的新手引导。

步骤 3. 在新手引导的最后一页单击【明白了】按钮,如图 9-66 所示,弹出【任务】窗口,同时可以得到新手奖励,如图 9-67 所示。

图 9-64　"QQ牧场"超链接

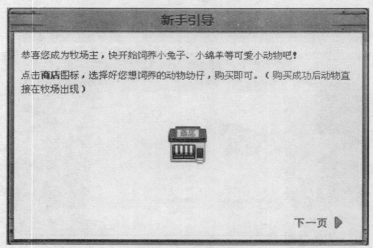

图 9-65　【新手引导】窗口

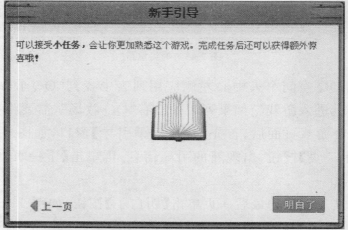

图 9-66　【新手引导】最后一页

图 9-67　新手奖励

步骤 4. 单击【开始新任务】按钮,弹出【任务】对话框,如图 9-68 所示,单击【接受】按钮,根据任务提示去完成任务。

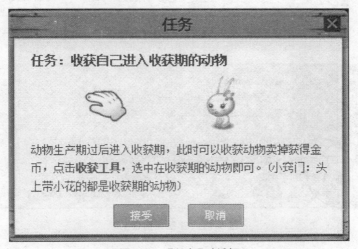

图 9-68　【任务】对话框

步骤 5. 单击【接受】按钮,在游戏窗口下方单击手形收获工具,如图 9-69 所示。光标变成手形后,单击可收获的动物即可。

图 9-69　收获动物

步骤 6. 完成任务后弹出【任务】对话框,如图 9-70 所示。单击【进行下一个任务】按钮,可以继续完成其他任务。如果用户不想做任务,单击【取消】按钮即可。在游戏窗口右下方单击【查看当前任务】图标,可以再次打开【任务】对话框,如图 9-71 所示。

图 9-70 　【任务】对话框

图 9-71 　查看当前任务

当把所有新手任务完成后,牧场主们也就学会了如何在自己的牧场养动物、收获动物,扫便便、拍蚊子等操作了。

牧场主们也可以去好友家帮忙或者偷取小动物,方法同 QQ 农场。

第10章 网上购物

本章以淘宝网为例详细介绍了网上购物的操作流程和方法。通过对本章的学习,中老年朋友可以对网上购物有一个清晰的认识,了解和掌握购物前的准备工作、如何挑选所需商品以及购买商品等内容。

10.1 购物前的准备

网上购物是指通过网络购买商品,是近年来很流行的一种新型购物方式,人们足不出户即可从众多的商家了解商品的价格和质量,从而挑选出满意的商品。很多中老年朋友可能对网上购物比较陌生。其实网上购物只要了解了其中的流程,按部就班进行操作,即可轻松实现购物。

网上购物的流程如下。

(1)注册网站会员。

(2)挑选商品,放入购物车中。

(3)填写订单,网上付款(有一些网站支持货到付款)。

(4)快递公司送货,买家收货。

要想在网上完成购物,需要完成3个方面的准备工作,分别是开通网上银行、注册网站会员和开通支付宝。

10.1.1 开通网上银行

网上银行又称网络银行、在线银行,是指银行利用 Internet 技术,通过 Internet 向客户提供开户、查询、对账、行内转账、跨行转账、信贷、网上证券、投资理财等传统服务项目,使客户可以足不出户就能够安全便捷地管理活期和定期存款、支票、信用卡及个人投资等。

1. 申请开通网上银行

网上银行是体验网上购物的基础,也是完成购物的第一张通行卡。如何才能开通网上银行呢?

目前,几乎所有的银行都支持网上银行,如常见的工商银行、建设银行、农业银行等。开通网上银行,不同的银行有不同的规定。中老年朋友可以选择自己之前办理的银行卡并到相应银行网点办理相关手续,就可开通网上银行业务了。

2. 登录网上银行

用户开通网上银行后，就可以在电脑上登录网上银行，下面以工商银行为例，介绍如何登录并使用网上银行。

（1）找到网址。

步骤 1. 打开 IE 浏览器，输入中国工商银行的网址 http://www.icbc.com.cn，进入工商银行首页，如图 10-1 所示。

图 10-1　工商银行首页

步骤 2. 在左侧单击【个人网上银行登录】按钮，打开个人网银使用说明，如图 10-2 所示，仔细阅读该页面的使用说明。

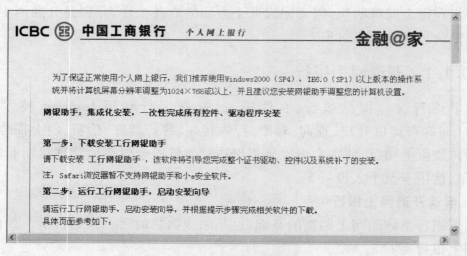

图 10-2　个人网银使用说明

（2）安装网银助手和网银环境如果是第一次使用网银，需要安装网银助手并配置网银环境，具体操作步骤如下。

步骤 1. 在图 10-2 的网页中根据提示单击"工行网银助手"超链接进行下载，如图 10-3 所示。

图 10-3　下载"工行网银助手"

步骤 2. 下载完毕后双击"工行网银助手"安装文件图标，如图 10-4 所示，打开【工行网银助手 安装】对话框，如图 10-5 所示，单击【下一步】进行安装。

图 10-4　"工行网银助手"安装文件

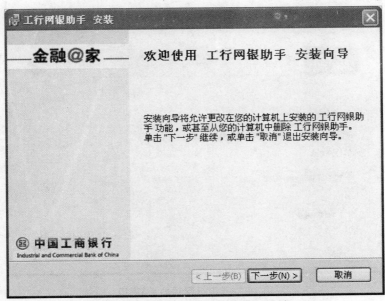

图 10-5　【工行网银助手 安装】对话框

步骤 3. 按照向导提示进行安装。安装完毕后，勾选上【启动 工行网银助手】复选框，单击【完成】按钮，如图 10-6 所示，运行工行网银助手。

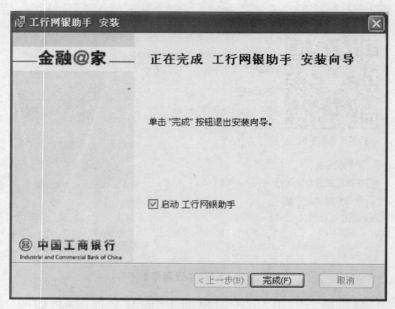

图 10-6　安装完成

步骤 4. 在打开的【工行网银助手】窗口中，单击【启动向导】按钮，如图 10-7 所示，打开【选择安装类型】窗口，如图 10-8 所示，根据自己需要选择安装类型。

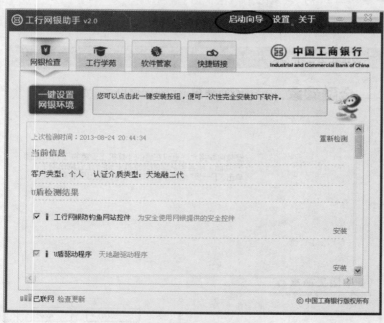

图 10-7　【工行网银助手】窗口

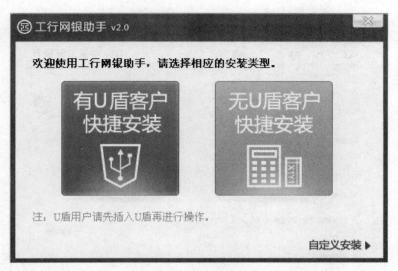

图 10-8　选择安装类型

步骤 5. 此处以"有 U 盾客户"为例进行安装。首先将 U 盾插入计算机,然后单击【有 U 盾客户快捷安装】按钮,打开【选择 U 盾类型】窗口,如图 10-9 所示。

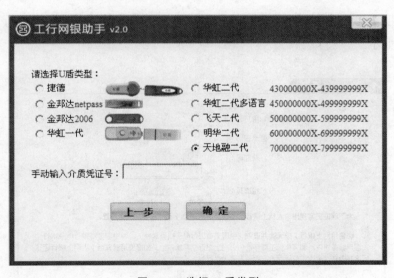

图 10-9　选择 U 盾类型

步骤 6. 选择 U 盾类型,同时将 U 盾凭证号输入到文本框中,单击【确定】按钮进行安装。安装完毕后如图 10-10 所示,此时网银环境配置完成,关闭该窗口即可。

③登录个人网上银行。网银助手和环境安装好后,就可以登录个人网上银行了,具体操作步骤如下。

步骤 1. 在中国工商银行首页上单击【个人网上银行登录】按钮,然后在【个人

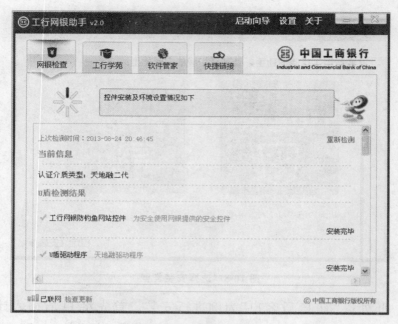

图 10-10　网银环境配置完成

网银使用说明】页面中单击最下方的【确定】按钮，打开【个人网上银行登录】页面，如图 10-11 所示。

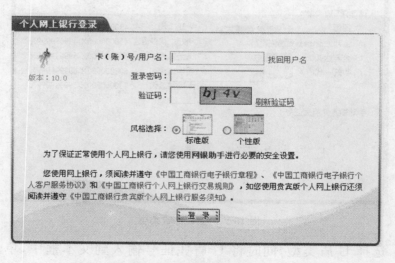

图 10-11　【个人网上银行登录】窗口

步骤 2. 输入银行卡号、登录密码和验证码，单击【登录】按钮，进入个人网上银行首页，如图 10-12 所示。

在个人网上银行中，可以进行查看信用卡消费情况、交话费、存款、转账等操作。

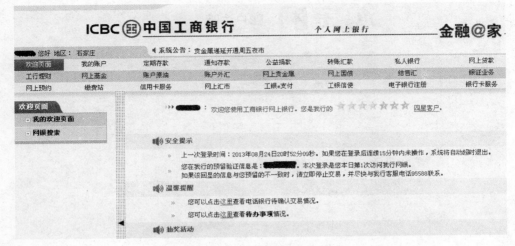

图 10-12　个人网上银行首页

10.1.2　注册淘宝会员

开通网上银行后，在购物网站中购买商品前，需要注册成为该网站的会员。这里以淘宝网为例，介绍如何注册成为其会员。

步骤 1. 打开 IE 浏览器，在地址栏中输入淘宝网网址 http://www.taobao.com，打开淘宝网首页，如图 10-13 所示。在首页上方单击【免费注册】超链接，打开注册页面。

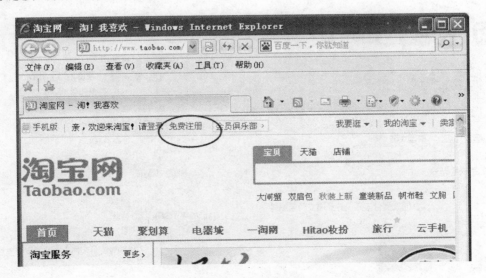

图 10-13　淘宝网首页

步骤 2. 进入注册页面后填写账户信息，如图 10-14 所示，分别输入会员名、登录密码、确认密码和验证码，确认后单击【同意协议并注册】按钮。

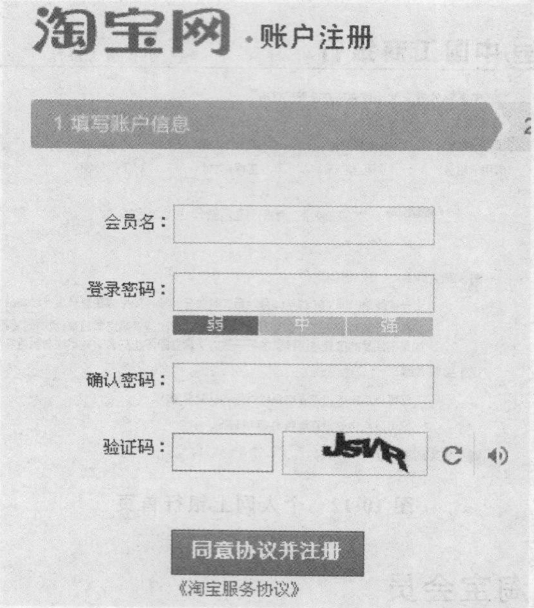

图 10-14　填写账户信息

　　步骤 3. 在打开的网页中验证账户信息，默认使用手机验证，如图 10-15 所示，在文本框中输入手机号，单击【提交】按钮，提交验证信息。

　　也可以使用邮箱进行验证，单击【使用邮箱验证】超链接，在打开的网页中填写常用的电子邮箱地址，如图 10-16 所示，然后单击【提交】按钮，提交验证信息。

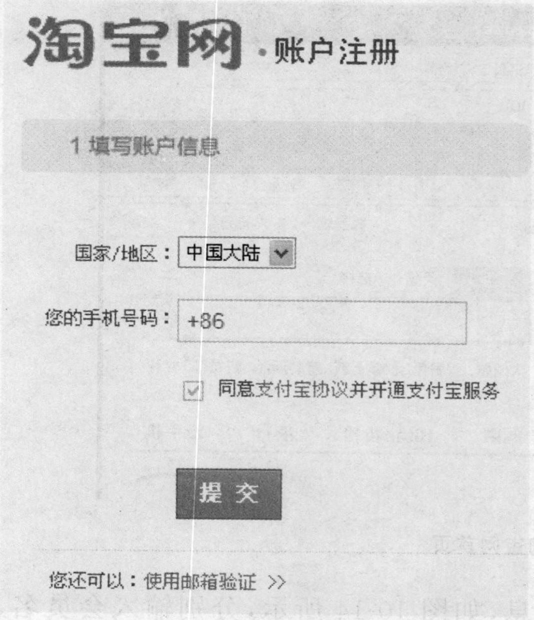

图 10-15　使用手机验证

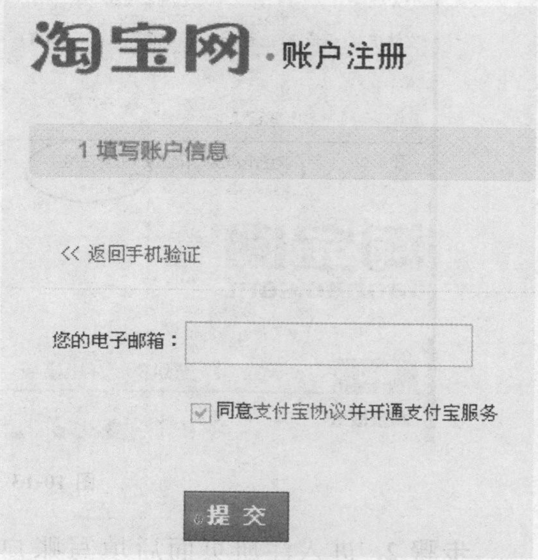

图 10-16　使用邮箱验证

步骤 4. 这里以手机验证为例。提交验证信息后,手机上会收到一条验证码短信,在打开的【短信获取校验码】对话框中输入该验证码,如图 10-17 所示。

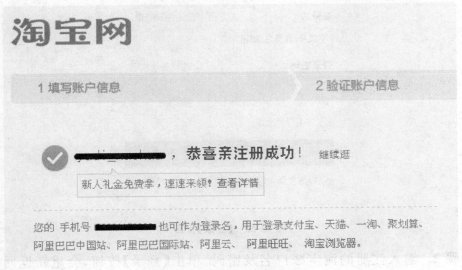

图 10-17　输入验证码

步骤 5. 单击【验证】按钮,显示注册成功页面,如图 10-18 所示。

图 10-18　注册成功

10.1.3　开通支付宝

支付宝使用"第三方担保交易模式",也就是由买家将货款打到支付宝中,由支付宝向卖家通知发货,买家收到商品确认后,支付宝再将货款给卖家。这样可以有效地保护买家和卖家的利益,降低交易风险。

在注册成为淘宝会员后,将自动生成一个支付宝账户,账户名就是注册淘宝会员时提交的手机号码或者电子邮箱地址,其对应的密码和淘宝会员密码一致。

在使用支付宝之前,还需补全支付宝账户的信息,激活支付宝账户才能使用,操作步骤如下。

步骤 1. 打开淘宝网,单击首页右上角的【登录】链接,如图 10-19 所示,打开【登录】页面,如图 10-20 所示。

图 10-19 【登录】链接

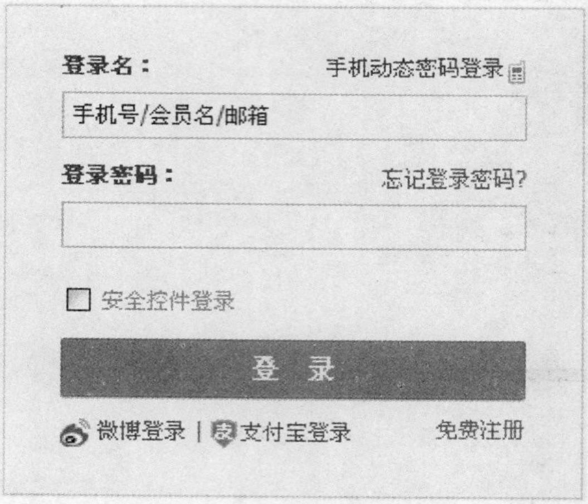

图 10-20 【登录】页面

步骤 2. 输入注册的淘宝账户名及密码,单击【登录】按钮,会重新返回淘宝网首页,在页面左上方显示登录的用户名,如图 10-21 所示。

步骤 3. 将光标移至用户名,展开下拉菜单,单击【账号管理】,如图 10-22 所示,进入【我的淘宝】窗口。

步骤 4. 在【我的淘宝】窗口中,单击【支付宝绑定设置】命令,窗口显示如图 10-23 所示。

步骤 5. 单击【立即补全】,打开支付宝注册窗口,补全信息,设置支付宝支付密码和身份信息,如图 10-24 所示。

图 10-21　登录成功

图 10-22　账号管理

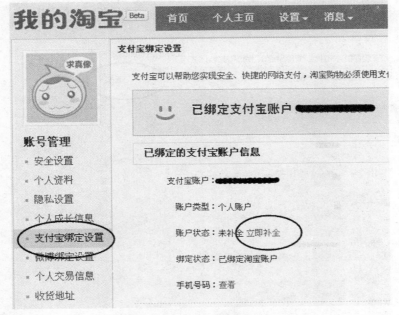

图 10-23　支付宝绑定设置

图 10-24　补全账户信息

步骤 6. 按照要求设置支付密码和身份信息后，单击下方的【确定】按钮，打开【设置支付方式】窗口，如图 10-25 所示。

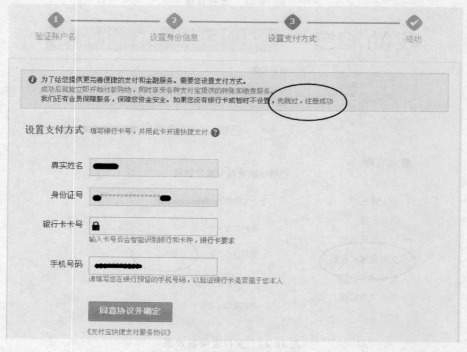

图 10-25　【设置支付方式】窗口

步骤 7. 在【银行卡卡号】框中输入以后购物时使用的银行卡卡号,在【手机号码】框中输入办理该银行卡时在银行预留的手机号,单击【同意协议并确定】按钮,输入手机收到的校验码,然后单击【确定】按钮,即可完成支付方式的设置。

说明: 如果没有银行卡或是暂时不想设置,可单击【先跳过,注册成功】命令,如图 10-25 所示,跳过设置支付方式。

这样,支付宝账户被激活,在网上购物时就可以使用支付宝了。

10.2　在淘宝网购物

网上购物前的准备工作做好后,就可以登录到淘宝网中挑选并购买商品了。

10.2.1　挑选商品

1. 分类查找商品

如果知道购买物品的大致类型,例如服装、家居或数码产品等,可以在淘宝网首页按照物品的分类进行浏览、挑选,具体操作步骤如下。

步骤 1. 以会员身份登录淘宝网首页,在首页的下方列出了所有物品类别,如图 10-26 所示。

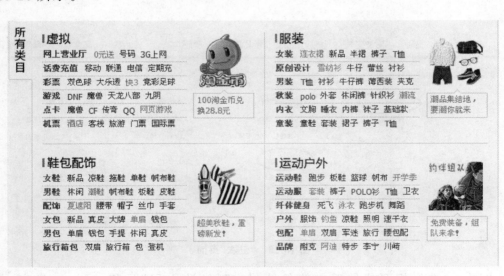

图 10-26　物品类别

步骤 2. 单击所需查找的类别,进入相应的页面。这里单击"童装"超链接,在打开的网页中显示了童装分类,如图 10-27 所示。

步骤 3. 这里选择"卫衣",单击"卫衣"超链接,进入到"卫衣"页面,如图 10-28 所示。

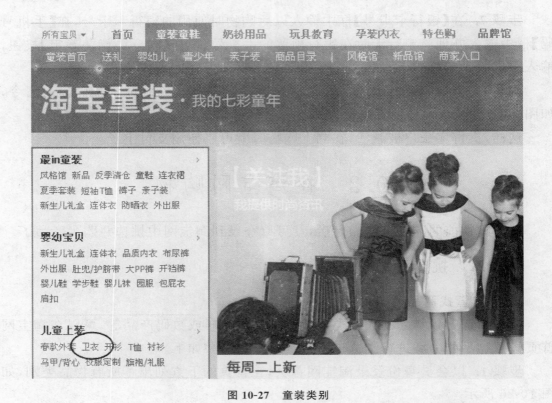

图 10-27 童装类别

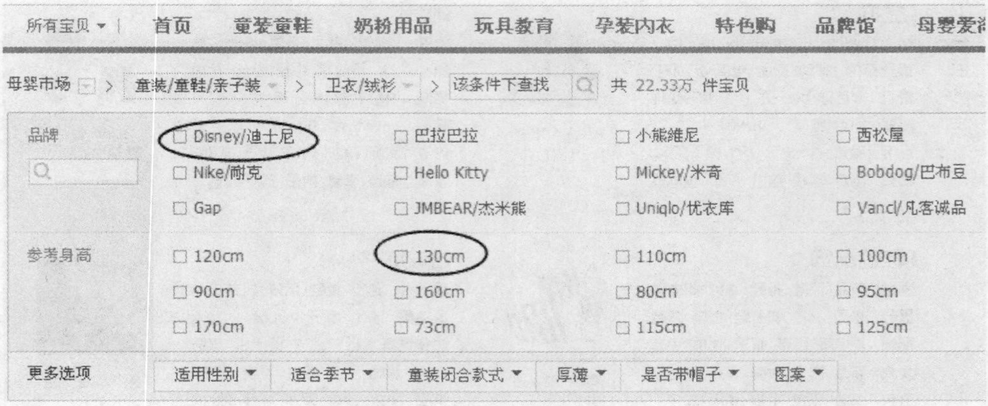

图 10-28 "卫衣"页面

步骤 4. 选择想要找的卫衣的条件,如选择"迪士尼"品牌、130cm 身高,此时在页面下方会出现符合条件的衣服,如图 10-29 所示。

步骤 5. 仔细挑选心仪的商品,单击该商品,在打开的页面中会显示出商品的详细信息,包括价格、邮费、评价、细节图片等,如图 10-30 所示。

2. 搜索商品

如果清楚地知道需要的商品类型,可以在淘宝网中直接输入商品关键词进行

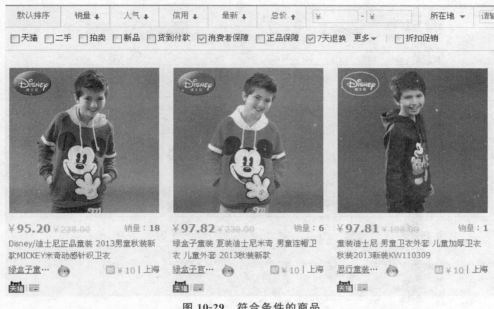

图 10-29　符合条件的商品

图 10-30　商品详细信息

搜索。下面以在淘宝中搜索、挑选一件男士长袖 T 恤为例,其具体操作步骤如下。

步骤 1. 以会员身份登录淘宝网,在首页上方的【宝贝】搜索框中输入商品关键词,输入"长袖 T 恤 男",单击【搜索】按钮,如图 10-31 所示。除此之外,也可以选择【店铺】、【天猫】进行搜索。搜索结果如图 10-32 所示。

步骤 2. 单击想购买的商品图片,打开新窗口,显示想购买的商品的详细信息,以及卖家的信用评价、店铺评分和客服等信息,如图 10-33 所示。

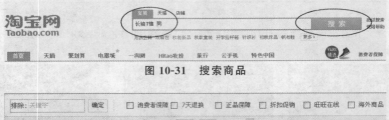

图 10-31　搜索商品

图 10-32　搜索结果

图 10-33　商品详情

3. 和店家交流

在购买商品时,通常都会向卖家询问商品的一些细节问题或者讨价还价,以确保购买到物美价廉的商品。

打开商品的购买页面,其左右两侧或者上方会显示 和我联系 按钮,单击该按钮,可以打开【阿里旺旺】聊天窗口,如图 10-34 所示。

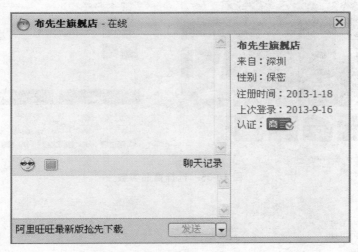

图 10-34　阿里旺旺

在聊天窗口中输入要询问的商品信息,即可与卖家交流。其使用方法与 QQ 聊天软件相似。

注册成淘宝会员后,不需要安装阿里旺旺聊天软件,可直接打开聊天界面。

10.2.2　购买商品

在淘宝中查找到满意的商品后,如要购买商品,到相应页面提交商品订单,并进行付款。

1. 快捷支付方式付款

下面以快捷支付方式购买一件男士 T 恤,其具体操作步骤如下。

步骤 1. 按照前面介绍的方法找到商品,查看卖家信息及用户对商品的满意程度,决定是否购买商品。在商品详细信息页面选择要购买商品的信息,如要购买的 T 恤尺码、颜色、数量等信息,如图 10-35 所示。

步骤 2. 如果只购买一种商品,可以单击【立刻购买】按钮购买商品,如果还想购买其他商品,单击【加入购物车】按钮将商品先放入购物车。此处单击【立刻购买】按钮,打开【填写地址】页面,填写订单信息,如图 10-36 所示。

步骤 3. 单击【确定】按钮,进入【确认订单信息】页面,如图 10-37 所示,核实订单信息,无误后单击【提交订单】按钮,进入支付宝付款页面。

图 10-35　选择商品参数

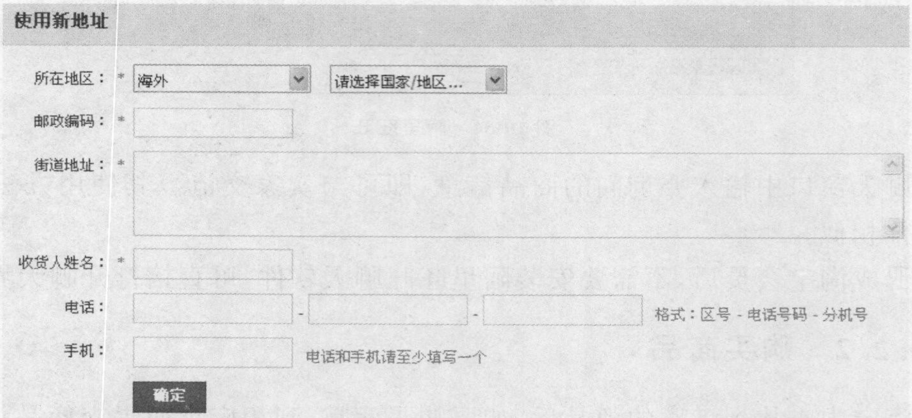

使用新地址

所在地区：*　海外　　　　　　　请选择国家/地区...

邮政编码：*

街道地址：*

收货人姓名：*

电话：　　　　　　-　　　　　　-　　　　　　格式：区号 - 电话号码 - 分机号

手机：　　　　　　电话和手机请至少填写一个

确定

图 10-36　填写订单

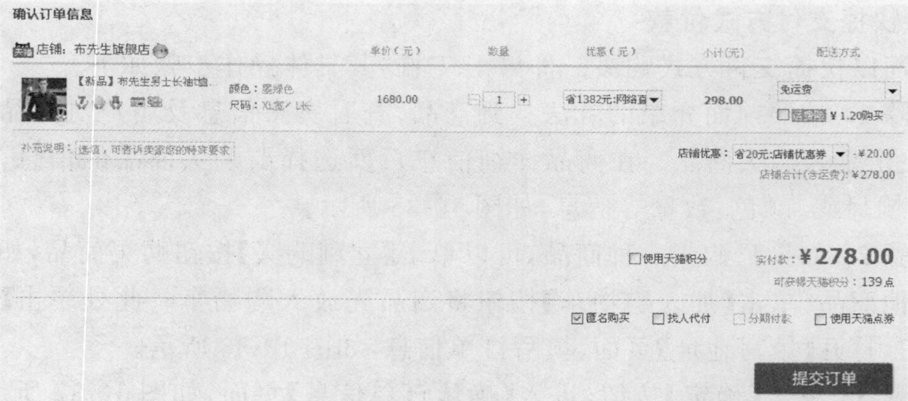

确认订单信息

店铺：布先生旗舰店	单价（元）	数量	优惠（元）	小计(元)	配送方式
【新品】布先生男士长袖t恤 颜色：墨绿色 尺码：XL宽／L长	1680.00	- 1 +	省1382元:网络直	298.00	免运费 ▼ ￥1.20购买

补充说明：选填，可者诉卖家您的特殊要求

店铺优惠：省20元:店铺优惠券　▼ -￥20.00

店铺合计(含运费)：￥278.00

□使用天猫积分

实付款：￥278.00

可获得天猫积分：139 点

□匿名购买　□找人代付　□分期付款　□使用天猫点券

提交订单

图 10-37　确认订单

步骤 4. 在支付宝付款页面选择一种支付方式。这里选择其他方式付款中的快捷支付，选择【信用卡】选项卡，选择"中国工商银行"，单击页面下方【下一步】按钮，如图 10-38 所示。

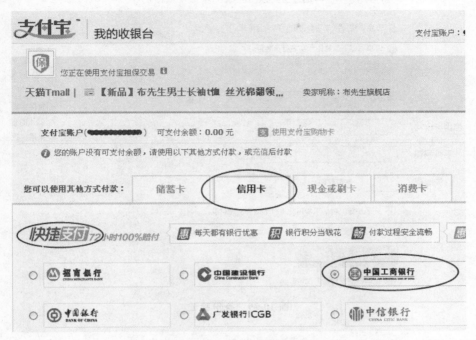

图 10-38　选择快捷支付银行

步骤 5. 在打开的页面中填写姓名、身份证号、信用卡卡号和办理银行卡业务时预留的手机号码；单击【免费获取】按钮，在文本框中输入银行系统发送到手机的校验码；单击【设置支付宝支付密码】，可以设置支付宝支付密码，如果已经设置过或者暂不设置的可以将其忽略。最后单击【同意协议并付款】按钮，即可开通支付宝快捷付款功能并付款，如图 10-39 所示。

说明：当开通快捷支付方式后，再次购物时，系统将自动绑定第一次填写的银行卡，只需填写支付宝支付密码即可快速付款。

2. 使用网上银行付款

与快捷支付方式不同，通过网上银行付款时需要打开个人网上银行，填写账号、密码和口令卡序列号等信息，其具体操作步骤如下。

步骤 1. 在淘宝网中挑选合适的商品，选择好商品的型号等信息，填写收货地址，并提交订单，打开支付宝付款页面，具体操作方法同使用快捷支付提交订单。

步骤 2. 选择"储蓄卡"选项卡，在网上银行区域选择"中国工商银行"，单击【下一步】按钮，如图 10-40 所示。

步骤 3. 在打开的页面中显示了交易订单、应支付费用和付款方式，如图

图 10-39 身份验证

图 10-40 选择网上银行

10-41所示。确认无误后,单击【登录到网上银行付款】按钮,打开中国工商银行网上支付页面。

步骤 4. 在网上支付页面显示订单金额和订单号。输入银行卡卡号和验证码,单击【下一步】按钮,如图 10-42 所示。

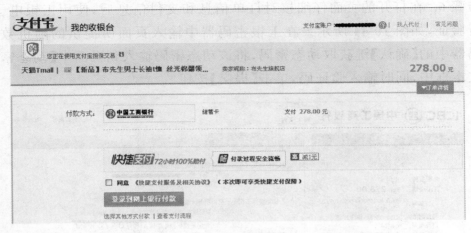

图 10-41　确认信息

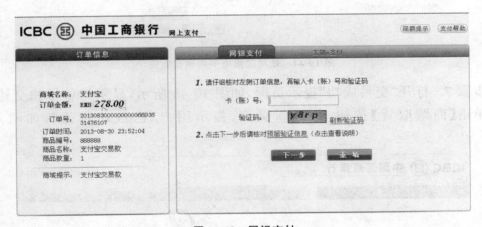

图 10-42　网银支付

步骤 5. 核对在银行预留的验证信息,确认无误后单击【全额付款】按钮,如图 10-43 所示。

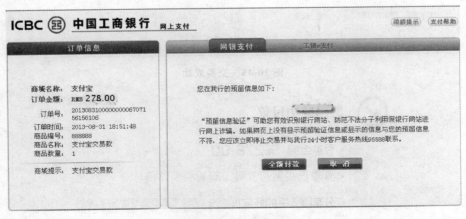

图 10-43　预留信息验证

步骤 6. 在打开的页面仔细核对订单信息和支付信息后,使用工银电子密码器进行验证,如图 10-44 所示。在工银密码器中输入页面所提供的随机数,并按下密码器中的【确认】键获取动态密码,将该动态密码输入到页面中【动态密码】后面的文本框中,同时输入验证码,单击【提交】按钮。

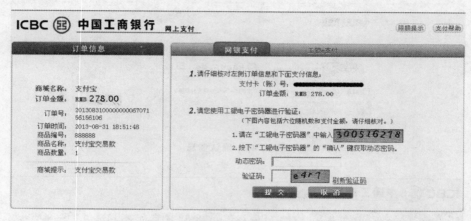

图 10-44　使用工银电子密码器验证

步骤 7. 打开"交易成功"提示页面,如图 10-45 所示,显示订单号和交易流水号。单击【商城取货】按钮,打开新页面,提示用户"已成功付款",如图 10-46 所示。

图 10-45　交易成功

图 10-46　成功付款提示信息

10.2.3　收货与评价

1. 确认收货

用户收到商品后,需要在购物网站进行确认收货,这样买家支付的货款才会真正汇入卖家的账户。确认收货往往要等买家真正收到商品并确认商品没有任何问题后才进行,下面就来介绍确认收货的操作过程。

步骤 1. 在淘宝网中登录"我的淘宝",单击如图 10-47 所示的【已买到的宝贝】超链接。

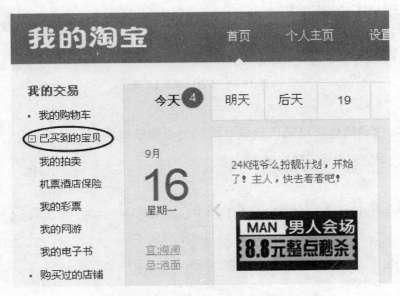

图 10-47　【已买到的宝贝】超链接

步骤 2. 在新窗口中找到需要确认收货的交易,单击【确认收货】按钮,如图 10-48 所示。

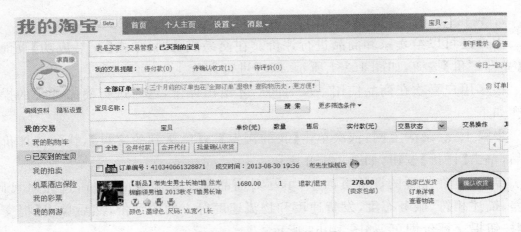

图 10-48　需确认收货的交易

步骤 3. 打开【确认收货】页面,如图 10-49 所示,在页面下方单击【确定】按钮,确认收货,如图 10-50 所示。

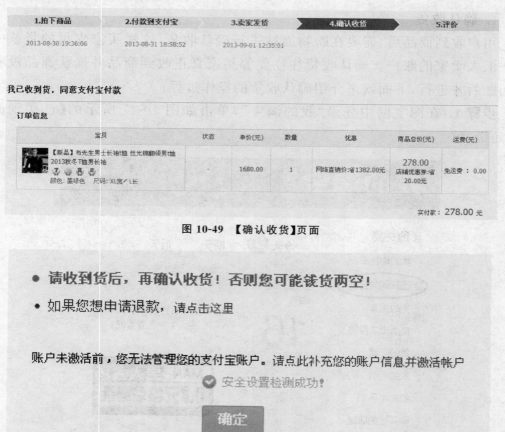

图 10-49 【确认收货】页面

图 10-50 确认收货

步骤 4. 在打开的交易成功提示窗口中提示用户交易成功。如图 10-51 所示。

2. 评价

用户还可以给卖家和商品进行评价。在交易成功时,单击【交易成功】页面中的【立即评价】按钮,如图 10-51 所示,即可进行评价。

很多用户喜欢在商品使用一段时间后才给出评价,这时进行商品评价的操作步骤如下。

步骤 1. 登录淘宝网,依次单击【我的淘宝】→【已买到的宝贝】,找到待评价的商品,单击【评价】按钮,如图 10-52 所示。

步骤 2. 在打开的评价页面中,填写对商品和卖家服务的评价,选择对尺码、色差、描述相符、服务态度、发货速度和物流速度等方面的评价,然后单击【提交评价】按钮提交评价即可,如图 10-53 所示。

图 10-51 交易成功

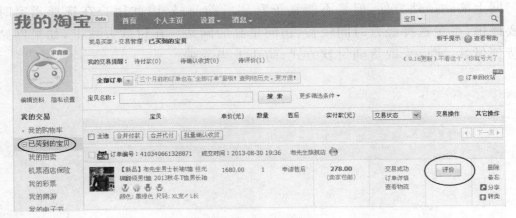

图 10-52 待评价商品

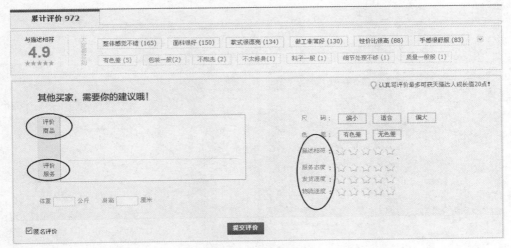

图 10-53 进行评价

这样,就完成了网上购物的全过程。用户按照以上步骤操作,就可实现网上购物的梦想,真正体验时尚购物的快乐与便捷。

10.3　其他购物网站

目前,国内比较知名的专业购物网站除了淘宝网外,还有很多购物网站,如当当网、京东商城等,购物方法和在淘宝网购物基本一样,但是每个购物网站都有自己的特色。

当当网(http://www.dangdang.com):中国最大图书零售商网站。

京东商城(http://www.jd.com):国内最大最全的 3C 数码销售平台。

聚美优品(http://mall.jumei.com):化妆品特卖商城。

唯品会(http://shop.vip.com):国内最大的品牌折扣网。

网上购物虽然方便,但是不能真正看到所购商品,因此用户在选择卖家时一定要谨慎,尽量选择经营时间较长、访问量高的网站。在付款方式上,如果网站支持货到付款,建议采取货到付款方式,防止上当受骗。

第11章 创造安全的上网环境

在上网的时候,最让人头疼的两点:病毒和广告。网络病毒通过计算机网络传播感染网络中的可执行文件,而网络广告对正常上网进行了干扰。如何创造安全的上网环境,是我们关心的主要问题。本章首先介绍病毒的基本知识,然后介绍几种常用的杀毒软件,并且详细讲解如何通过杀毒软件创建安全的上网环境。

11.1 认识病毒

11.1.1 病毒的概念

计算机病毒是指编制或者在计算机程序中插入的破坏计算机功能或者破坏数据,影响计算机使用并且能够自我复制的一组计算机指令或者程序代码。计算机病毒是人为的特制程序,具有自我复制能力,有很强的感染性和一定的潜伏性,特定的触发性和很大的破坏性。

由于计算机的信息需要存取、复制、传送,病毒作为信息的一种形式可以随之繁殖、感染、破坏,而当病毒取得控制权后,他们会主动寻找感染目标,使自身广为流传。

计算机病毒不是来源于突发或偶然的原因,一次突发的停电和偶然的错误,会在计算机的磁盘和内存中产生一些无序和混乱的代码,病毒则是一种比较完美精巧严谨的代码,按照严格的秩序组织起来,与所在的系统网络环境相适应和配合起来,病毒不会偶然形成,需要有一定的长度,这个基本的长度从概率上来讲是不可能通过随机代码产生的。

病毒是人为的特制程序,现在流行的病毒是由人为故意编写的,多数病毒可以找到作者信息和产地信息,通过大量的资料分析统计来看,病毒作者主要情况和目的是:一些天才的程序员为了表现自己和证明自己的能力,出于对上司的不满,为了好奇,为了报复,为了祝贺和求爱,为了得到控制口令,为了软件拿不到报酬预留的陷阱等。当然也有因政治,军事,宗教,民族、专利等方面的需求而专门编写的,其中也包括一些病毒研究机构和黑客的测试病毒。

病毒的特点是:

①繁殖性:计算机病毒可以像生物病毒一样进行繁殖,当正常程序运行的时

候,它也进行运行自身复制,是否具有繁殖、感染的特征是判断某段程序为计算机病毒的首要条件。

②破坏性:计算机中毒后,可能会导致正常的程序无法运行,把计算机内的文件删除或受到不同程度的损坏。通常表现为:增、删、改、移。

③传染性:计算机病毒不但本身具有破坏性,更有害的是具有传染性,一旦病毒被复制或产生变种,其速度之快令人难以预防。传染性是病毒的基本特征。计算机病毒会通过各种渠道从已被感染的计算机扩散到未被感染的计算机,在某些情况下造成被感染的计算机工作失常甚至瘫痪。与生物病毒不同的是,计算机病毒是一段人为编制的计算机程序代码,这段程序代码一旦进入计算机并得以执行,它就会搜寻其他符合其传染条件的程序或存储介质,确定目标后再将自身代码插入其中,达到自我繁殖的目的。只要一台计算机染毒,如不及时处理,那么病毒会在这台电脑上迅速扩散,计算机病毒可通过各种可能的渠道,如U盘、硬盘、移动硬盘、计算机网络去传染其他的计算机。当您在一台机器上发现了病毒时,往往曾在这台计算机上用过的U盘已感染上了病毒,而与这台机器相联网的其他计算机也许也被该病毒染上了。是否具有传染性是判别一个程序是否为计算机病毒的最重要条件。

④潜伏性:有些病毒像定时炸弹一样,让它什么时间发作是预先设计好的。比如黑色星期五病毒,不到预定时间一点都觉察不出来,等到条件具备的时候一下子就爆炸开来,对系统进行破坏。一个编制精巧的计算机病毒程序,进入系统之后一般不会马上发作,因此病毒可以静静地躲在磁盘或磁带里待上几天,甚至几年,一旦时机成熟,得到运行机会,就又要四处繁殖、扩散,继续危害。潜伏性的第二种表现是指,计算机病毒的内部往往有一种触发机制,不满足触发条件时,计算机病毒除了传染外不做什么破坏。触发条件一旦得到满足,有的在屏幕上显示信息、图形或特殊标识,有的则执行破坏系统的操作,如格式化磁盘、删除磁盘文件、对数据文件做加密、封锁键盘以及使系统死锁等。

⑤隐蔽性:计算机病毒具有很强的隐蔽性,有的可以通过病毒软件检查出来,有的根本就查不出来,有的时隐时现、变化无常,这类病毒处理起来通常很困难。

⑥可触发性:病毒因某个事件或数值的出现,诱使病毒实施感染或进行攻击的特性称为可触发性。为了隐蔽自己,病毒必须潜伏,少做动作。如果完全不动,一直潜伏的话,病毒既不能感染也不能进行破坏,便失去了杀伤力。病毒既要隐蔽又要维持杀伤力,它必须具有可触发性。病毒的触发机制就是用来控制感染和破坏动作的频率的。病毒具有预定的触发条件,这些条件可能是时间、日期、文件类型或某些特定数据等。病毒运行时,触发机制检查预定条件是否满足,如果满足,启动感染或破坏动作,使病毒进行感染或攻击;如果不满足,使病毒继续潜伏。

11.1.2　常见的网络病毒

很多时候大家已经用杀毒软件查出了自己的机子中了例如 Backdoor. RmtBomb. 12、Trojan. Win32. SendIP. 15 等这些一串英文还带数字的病毒名,这时有些人就蒙了,那么长一串的名字,我怎么知道是什么病毒啊?

其实只要我们掌握一些病毒的命名规则,我们就能通过杀毒软件的报告中出现的病毒名来判断该病毒的一些共有的特性了。病毒的大部分格式是 .exe 的,也有 dll 型的,一般注入到其他正常的系统进程中运行,另外还有很多其他格式的病毒。

病毒前缀是指一个病毒的种类,它是用来区别病毒的种族分类的。不同种类的病毒,其前缀也是不同的。比如我们常见的木马病毒的前缀是 Trojan ,蠕虫病毒的前缀是 Worm 等,还有很多其他的病毒前缀。

而病毒名是指一个病毒的家族特征,是用来区别和标识病毒家族的,如以前著名的 CIH 病毒的家族名都是统一的" CIH ",振荡波蠕虫病毒的家族名是" Sasser "。

病毒后缀是指一个病毒的变种特征,是用来区别具体某个家族病毒的某个变种的。一般都采用英文中的 26 个字母来表示,如 Worm. Sasser. b 就是指振荡波蠕虫病毒的变种 B,因此一般称为"振荡波 B 变种"或者"振荡波变种 B"。如果该病毒变种非常多,可以采用数字与字母混合表示变种标识。

1. 病毒前缀

下面介绍一些常见的病毒前缀的解释(针对我们用得最多的 Windows 操作系统):

①系统病毒:系统病毒的前缀为:Win32、PE、Win95、W32、W95 等。这些病毒的一般共有的特性是可以感染 windows 操作系统的 *.exe 和 *.dll 文件,并通过这些文件进行传播。如 CIH 病毒。

②蠕虫病毒:蠕虫病毒的前缀是:Worm。这种病毒的共有特性是通过网络或者系统漏洞进行传播,很大部分的蠕虫病毒都有向外发送带毒邮件,阻塞网络的特性。比如冲击波(阻塞网络),小邮差(发带毒邮件)等。

③木马病毒、黑客病毒:木马病毒其前缀是:Trojan,黑客病毒前缀名一般为 Hack。木马病毒的共有特性是通过网络或者系统漏洞进入用户的系统并隐藏,然后向外界泄露用户的信息,而黑客病毒则有一个可视的界面,能对用户的电脑进行远程控制。木马、黑客病毒往往是成对出现的,即木马病毒负责侵入用户的电脑,而黑客病毒则会通过该木马病毒来进行控制。现在这两种类型都越来越趋向于整合了。一般的木马如 QQ 消息尾巴木马 Trojan. QQ3344 ,还有大家可能

遇见比较多的针对网络游戏的木马病毒如 Trojan. LMir. PSW. 60 。这里补充一点,病毒名中有 PSW 或者什么 PWD 之类的一般都表示这个病毒有盗取密码的功能(这些字母一般都为"密码"的英文"password"的缩写)一些黑客程序如:网络枭雄(Hack. Nether. Client)等。

④脚本病毒:脚本病毒的前缀是:Script。脚本病毒的共有特性是使用脚本语言编写,通过网页进行的传播的病毒,如红色代码(Script. Redlof)。脚本病毒还会有如下前缀:VBS、JS(表明是何种脚本编写的),如欢乐时光(VBS. Happytime)、十四日(Js. Fortnight. c. s)等。

⑤宏病毒:其实宏病毒是也是脚本病毒的一种,由于它的特殊性,因此在这里单独算成一类。宏病毒的前缀是:Macro,第二前缀是:Word、Word97、Excel、Excel97(也许还有别的)其中之一。凡是只感染 Word97 及以前版本 Word 文档的病毒采用 Word97 作为第二前缀,格式是:Macro. Word97;凡是只感染 Word97 以后版本 Word 文档的病毒采用 Word 作为第二前缀,格式是:Macro. Word;凡是只感染 Excel97 及以前版本 Excel 文档的病毒采用 Excel97 作为第二前缀,格式是:Macro. Excel97;凡是只感染 Excel97 以后版本 Excel 文档的病毒采用 Excel 作为第二前缀,格式是:Macro. Excel,以此类推。该类病毒的共有特性是能感染 Office 系列文档,然后通过 Office 通用模板进行传播,如:著名的美丽莎(Macro. Melissa)。

⑥后门病毒:后门病毒的前缀是:Backdoor。该类病毒的共有特性是通过网络传播,给系统开后门,给用户电脑带来安全隐患。

⑦病毒种植程序病毒:这类病毒的共有特性是运行时会从体内释放出一个或几个新的病毒到系统目录下,由释放出来的新病毒产生破坏。如:冰河播种者(Dropper. BingHe2. 2C)、MSN 射手(Dropper. Worm. Smibag)等。

⑧破坏性程序病毒:破坏性程序病毒的前缀是:Harm。这类病毒的共有特性是本身具有好看的图标来诱惑用户点击,当用户点击这类病毒时,病毒便会直接对用户计算机产生破坏。如:格式化 C 盘(Harm. formatC. f)、杀手命令(Harm. Command. Killer)等。

⑨玩笑病毒:玩笑病毒的前缀是:Joke。也称恶作剧病毒。这类病毒的共有特性是本身具有好看的图标来诱惑用户点击,当用户点击这类病毒时,病毒会做出各种破坏操作来吓唬用户,其实病毒并没有对用户电脑进行任何破坏。如:女鬼(Joke. Girl ghost)病毒。

⑩捆绑机病毒:捆绑机病毒的前缀是:Binder。这类病毒的共有特性是病毒作者会使用特定的捆绑程序将病毒与一些应用程序(如 QQ、IE)捆绑起来,表面上看是一个正常的文件,当用户运行这些捆绑病毒时,会表面上运行这些应用程

序,然后隐藏运行捆绑在一起的病毒,从而给用户造成危害。如:捆绑 QQ (Binder. QQPass. QQBin)、系统杀手(Binder. killsys)等。

以上为比较常见的病毒前缀,有时候我们还会看到一些其他的,但比较少见,这里简单提一下:DoS:会针对某台主机或者服务器进行 DoS 攻击;Exploit:会自动通过溢出对方或者自己的系统漏洞来传播自身,或者它本身就是一个用于 Hacking 的溢出工具;HackTool:黑客工具,也许本身并不破坏你的机子,但是会被别人加以利用来用你做替身去破坏别人。你可以在查出某个病毒以后通过以上所说的方法来初步判断所中病毒的基本情况,达到知己知彼的效果。在杀毒无法自动查杀,打算采用手工方式的时候这些信息会给你很大的帮助。

2. 网络病毒

下面对常见的网络病毒进行详细的介绍。

木马病毒:"木马"全称是"特洛伊木马(Trojan Horse)",原指古希腊士兵藏在木马内进入敌方城市从而占领敌方城市的故事。在 Internet 上,"特洛伊木马"指一些程序设计人员在网络上下载的应用程序或游戏中,包含了可以控制用户的计算机系统的程序,可能造成用户的系统被破坏甚至瘫痪。"木马"程序是目前比较流行的病毒文件,与一般的病毒不同,它不会自我繁殖,也并不"刻意"地去感染其他文件,它通过将自身伪装吸引用户下载执行,向施种木马者提供打开被种者电脑的门户,使施种者可以任意毁坏、窃取被种者的文件,甚至远程操控被种者的电脑。

一个完整的特洛伊木马套装程序含了两部分:服务端(服务器部分)和客户端(控制器部分)。植入对方电脑的是服务端,黑客正是利用客户端进入服务端的电脑。服务端运行了木马程序以后,会产生一个有着容易迷惑用户的名称的进程暗中打开端口,向指定地点发送数据(如网络游戏的密码,即时通信软件密码和用户上网密码等),黑客甚至可以利用这些打开的端口进入电脑系统。

木马病毒主要分为以下几类:

(1)网游木马。随着网络在线游戏的普及和升温,中国拥有规模庞大的网游玩家。网络游戏中的金钱、装备等虚拟财富与现实财富之间的界限越来越模糊。与此同时,以盗取网游账号密码为目的的木马病毒也随之发展泛滥起来。

网络游戏木马通常采用记录用户键盘输入、Hook 游戏进程 API 函数等方法获取用户的密码和账号。窃取到的信息一般通过发送电子邮件或向远程脚本程序提交的方式发送给木马作者。

网络游戏木马的种类和数量,在国产木马病毒中最多。流行的网络游戏无一不受网游木马的威胁。一款新游戏正式发布后,往往在一到两个星期内,就会有相应的木马程序被制作出来。大量的木马生成器和黑客网站的公开销售也是网游木马泛滥的原因之一。

（2）网银木马。网银木马是针对网上交易系统编写的木马病毒，其目的是盗取用户的卡号、密码，甚至安全证书。此类木马种类数量虽然比不上网游木马，但它的危害更加直接，受害用户的损失更加惨重。

网银木马通常针对性较强，木马作者可能首先对某银行的网上交易系统进行仔细分析，然后针对安全薄弱环节编写病毒程序。如2004年的"网银大盗"病毒，在用户进入工行网银登录页面时，会自动把页面换成安全性能较差、但依然能够运转的老版页面，然后记录用户在此页面上填写的卡号和密码；"网银大盗3"利用招行网银专业版的备份安全证书功能，可以盗取安全证书；2005年的"新网银大盗"，采用API Hook等技术干扰网银登录安全控件的运行。

随着中国网上交易的普及，受到外来网银木马威胁的用户也在不断增加。

（3）下载类。这种木马程序的体积一般很小，其功能是从网络上下载其他病毒程序或安装广告软件。由于体积很小，下载类木马更容易传播，传播速度也更快。通常功能强大、体积也很大的后门类病毒，如"灰鸽子"、"黑洞"等，传播时都单独编写一个小巧的下载类木马，用户中毒后会把后门主程序下载到本机运行。

（4）代理类。用户感染代理类木马后，会在本机开启HTTP、SOCKS等代理服务功能。黑客把受感染计算机作为跳板，以被感染用户的身份进行黑客活动，达到隐藏自己的目的。

（5）FTP木马。FTP型木马打开被控制计算机的21号端口（FTP所使用的默认端口），使每一个人都可以用一个FTP客户端程序来不用密码连接到受控制端计算机，并且可以进行最高权限的上传和下载，窃取受害者的机密文件。新FTP木马还加上了密码功能，这样，只有攻击者本人才知道正确的密码，从而进入对方计算机。

（6）通信软件类。国内即时通信软件百花齐放。QQ、微信、网易泡泡、飞信……网上聊天的用户群十分庞大。常见的即时通信类木马一般有3种：

①发送消息型。通过即时通讯软件自动发送含有恶意网址的消息，目的在于让收到消息的用户点击网址中毒，用户中毒后又会向更多好友发送病毒消息。此类病毒常用技术是搜索聊天窗口，进而控制该窗口自动发送文本内容。发送消息型木马常常充当网游木马的广告，如"武汉男生2005"木马，可以通过MSN、QQ、UC等多种聊天软件发送带毒网址，其主要功能是盗取传奇游戏的账号和密码。

②盗号型。主要目标在于即时通信软件的登录账号和密码。工作原理和网游木马类似。病毒作者盗得他人账号后，可能偷窥聊天记录等隐私内容，或将账号卖掉。

③传播自身型。2005年初，"MSN性感鸡"等通过MSN传播的蠕虫泛滥了

一阵之后,MSN 推出新版本,禁止用户传送可执行文件。2005 年上半年,"QQ龟"和"QQ 爱虫"这两个国产病毒通过 QQ 聊天软件发送自身进行传播,感染用户数量极大,在江民公司统计的 2005 年上半年十大病毒排行榜上分列第一和第四名。从技术角度分析,发送文件类的 QQ 蠕虫是以前发送消息类 QQ 木马的进化,采用的基本技术都是搜寻到聊天窗口后,对聊天窗口进行控制,来达到发送文件或消息的目的。只不过发送文件的操作比发送消息复杂很多。

(7)网页点击类。网页点击类木马会恶意模拟用户点击广告等动作,在短时间内可以产生数以万计的点击量。病毒作者的编写目的一般是为了赚取高额的广告推广费用。此类病毒的技术简单,一般只是向服务器发送 HTTP GET 请求。

看了木马的分类,是不是感觉到木马无处不在? 但是不要着急,因为只要电脑安装了正规的杀毒软件,一般都是可以查杀木马病毒的。查杀的过程主要是找到感染文件,结束相关进程然后删除文件就可以了。另外,杀毒软件还提供了很多木马专杀软件,可以帮助删除木马病毒。

在十大病毒排行中,木马病毒就占了四个,分别为:

第四名:网络游戏木马(Trojan. PSW. OnlineGames)

第五名:QQ 通行证(Trojan. PSW. QQPass)

第七名:征途木马(Trojan. PSW. ZhengTu)

第九名:梅勒斯(Trojan. DL. Mnless)

蠕虫病毒:蠕虫病毒是一种常见的计算机病毒。它是利用网络进行复制和传播的,传染途径是通过网络和电子邮件。最初的蠕虫病毒定义是因为在 DOS 环境下,病毒发作时会在屏幕上出现一条类似虫子的东西,胡乱吞吃屏幕上的字母并将其改形。蠕虫病毒是自包含的程序(或是一套程序),它能传播自身功能的拷贝或自身(蠕虫病毒)的某些部分到其他的计算机系统中(通常是经过网络连接)。

蠕虫病毒是自包含的程序(或是一套程序),与一般病毒不同,蠕虫病毒不需要将其自身附着到宿主程序,有两种类型的蠕虫:主机蠕虫与网络蠕虫。主机蠕虫完全包含在它们运行的计算机中,并且使用网络的连接仅将自身拷贝到其他的计算机中,主机蠕虫在将其自身的拷贝加入到另外的主机后,就会终止它自身(因此在任意给定的时刻,只有一个蠕虫的拷贝运行),这种蠕虫有时也叫"野兔",蠕虫病毒一般是通过 1434 端口漏洞传播。

比如近几年危害很大的"尼姆亚"病毒就是蠕虫病毒的一种,2007 年 1 月流行的"熊猫烧香"以及其变种也是蠕虫病毒。这一病毒利用了微软视窗操作系统的漏洞,计算机感染这一病毒后,会不断地自动拨号上网,并利用文件中的地址信息或者网络共享进行传播,最终破坏用户的大部分重要数据。

蠕虫病毒的一般防治方法是:使用具有实时监控功能的杀毒软件。防范邮件蠕虫的最好办法,就是提高自己的安全意识,不要轻易打开带有附件的电子邮件。另外,可以启用瑞星杀毒软件的"邮件发送监控"和"邮件接收监控"功能,也可以提高自己对病毒邮件的防护能力。

对于普通用户来讲,防范聊天蠕虫的主要措施之一,就是提高安全防范意识,对于通过聊天软件发送的任何文件,都要经过好友确认后再运行,不要随意点击聊天软件发送的网络链接。

在十大病毒排行中,蠕虫病毒就占了4个,分别为:

第一名:帕虫(Worm. Pabug;金山:AV 终结者;江民:U 盘寄生虫)

第二名:威金蠕虫(Worm. Viking)

第三名:熊猫烧香(Worm. Nimaya;又称尼姆亚)

第八名:MSN 相片(Worm. Mail. Photocheat. A)

ARP 病毒:ARP 病毒并不是某一种病毒的名称,而是对利用 ARP 协议的漏洞进行传播的一类病毒的总称。ARP 协议是 TCP/IP 协议组的一个协议,用于把网络地址翻译成物理地址(又称 MAC 地址)。通常此类攻击的手段有两种:路由欺骗和网关欺骗,是一种入侵电脑的木马病毒,对电脑用户私密信息的威胁很大。

3. 电脑感染 ARP 病毒的表现

(1)网上银行、游戏及 QQ 账号的频繁丢失。一些人为了获取非法利益,利用 ARP 欺骗程序在网内进行非法活动,此类程序的主要目的在于破解账号登录时的加密解密算法,通过截取局域网中的数据包,然后以分析数据通信协议的方法截获用户的信息。运行这类木马病毒,就可以获得整个局域网中上网用户账号的详细信息并盗取。

(2)网速时快时慢,极其不稳定,但单机进行光纤数据测试时一切正常。

当局域内的某台计算机被 ARP 的欺骗程序非法侵入后,它就会持续地向网内所有的计算机及网络设备发送大量的非法 ARP 欺骗数据包,阻塞网络通道,造成网络设备的承载过重,导致网络的通信质量不稳定。

(3)局域网内频繁性区域或整体掉线,重启计算机或网络设备后恢复正常。

当带有 ARP 欺骗程序的计算机在网内进行通信时,就会导致频繁掉线,出现此类问题后重启计算机或禁用网卡会暂时解决问题,但掉线情况还会发生。

为了预防感染 ARP 病毒,应该使用最新的病毒查杀软件在安全模式(计算机启动时时按 F8 可进入安全模式)下对系统进行彻底的查杀,不使用不良网管软件,不使用软件更改自己的 MAC 地址,发现别人恶意攻击或有中毒迹象(如发现 ARP 攻击地址为某台计算机的 MAC 地址)时及时告知和制止。最好的预防方法则是安装 ARP 防火墙,避免病毒的感染。

多个病毒均具有 ARP 攻击行为,通称为 ARP 病毒。ARP 病毒在十大病毒排行中占第六位。

后门病毒:后门病毒的前缀是:Backdoor。该类病毒的特性是通过网络传播,给系统开后门,给用户电脑带来安全隐患。2004 年年初,IRC 后门病毒开始在全球网络大规模出现。一方面有潜在的泄漏本地信息的危险,另一方面病毒出现在局域网中使网络阻塞,影响正常工作,从而造成损失。由于病毒的源代码是公开的,任何人拿到源码后稍加修改就可编译生成一个全新的病毒,再加上不同的壳,造成 IRC 后门病毒变种大量涌现。还有一些病毒每次运行后都会进行变形,给病毒查杀带来很大困难。

比较著名的后门病毒就是灰鸽子病毒(Backdoor. Gpigeon),一旦用户电脑不幸感染,可以说用户的一举一动都在黑客的监控之下,要窃取账号、密码、照片、重要文件都轻而易举。更甚的是,他们还可以连续捕获远程电脑屏幕,还能监控被控电脑上的摄像头,自动开机(不开显示器)并利用摄像头进行录像。截至 2006 年底,"灰鸽子"木马已经出现了 6 万多个变种。客户端简易便捷的操作使刚入门的初学者都能充当黑客。在合法情况使用,灰鸽子是一款优秀的远程控制软件。但如果拿它做一些非法的事,灰鸽子就成了强大的黑客工具。

病毒查杀软件和一些灰鸽子专杀工具都可以查杀灰鸽子病毒,此种病毒在十大病毒排行榜中位于第十位。

11.1.3 病毒防范措施

创建安全的网络环境,最主要的是采取一些病毒防范措施,把病毒隔离于自己的电脑和网络以外。

1. 软件防范措施

要防范病毒,在软件方面应该采取以下措施:

(1)最好的办法是安装专业的防毒软件进行全面监控。在病毒技术日新月异的今天,使用专业的反病毒软件对计算机进行防护仍是保证信息安全的最佳选择。用户在安装了反病毒软件之后,一定要开启实时监控功能并经常进行升级以防范最新的病毒,这样才能真正保障计算机的安全。

(2)杀毒软件及时升级。选择具备"网页防马墙"功能的杀毒软件(如 KV2008),应养成及时下载最新系统安全漏洞补丁的安全习惯,从根源上杜绝黑客利用系统漏洞攻击用户计算机的病毒。同时,升级杀毒软件、开启病毒实时监控应成为每日防范病毒的必修课。

(3)经常升级安全补丁。据统计,大部分网络病毒都是通过系统及 IE 安全漏洞进行传播的,如:冲击波、震荡波、SCO 炸弹 AC/AD 等病毒。如果机器存在漏洞则很可能造成病毒反复感染，无法清除干净。因此一定要定期登陆微软升级网站下载安装最新的安全补丁。同时也可以使用瑞星等杀毒软件附带的"漏洞扫描"模块定期对系统进行检查。

（4）将应用软件升级到最新版本，其中包括各种 IM 即时通信工具、下载工具、播放器软件、搜索工具条等；不要登录来历不明的网站，避免病毒利用其他应用软件漏洞进行木马病毒传播。

2. 上网防范措施

除了这些在软件方面所做的防范措施以外，还要在上网的过程中有一些好的习惯，以避免感染病毒。主要做到以下几点：

（1）建立良好的安全习惯。不要轻易打开一些来历不明的邮件及其附件，不要轻易登陆陌生的网站。从网上下载的文件要先查毒再运行。

（2）关闭或删除系统中不需要的服务。默认情况下，操作系统会安装一些辅助服务，如 FTP 客户端、Telnet 和 Web 服务器。这些服务为攻击者提供了方便，而又对大多数用户没有用。删除它们，可以大大减少被攻击的可能性。

（3）设置复杂的密码。有许多网络病毒是通过猜测简单密码的方式对系统进行攻击。因此设置复杂的密码（大小写字母、数字、特殊符号混合，8 位以上），将会大大提高计算机的安全系数，减少被病毒攻击的概率。

（4）定期做好重要资料的备份，以免造成重大损失。这一点是非常重要的，重要资料做好备份，即使感染了病毒，资料也不会丢失。

（5）迅速隔离受感染的计算机。当您的计算机发现病毒或异常情况时应立即切断网络连接，以防止计算机受到更严重的感染或破坏，或者成为传播源感染其他计算机。

（6）经常了解一些反病毒资讯。经常登录信息安全厂商的官方主页，了解最新的资讯。这样您就可以及时发现新病毒并在计算机被病毒感染时能够做出及时准确的处理。比如了解一些注册表的知识，就可以定期查看注册表自启动项是否有可疑键值；了解一些程序进程知识，就可以查看内存中是否有可疑程序。

3. 即时通信工具预防措施

（1）请广大用户一定要提高警惕，切勿随意点击 MSN 等一些即时通信工具中给出的链接，确认消息来源，并克服一定的好奇心理。

（2）通过即时通信工具等途径接收的文件前，请先进行病毒查杀。

（3）MSN 用户提高网络安全意识，不要轻易接收来历不明的文件，即便是 MSN 好友发来的文件也要谨慎，尤其是扩展名为 ＊.zip，＊.rar 等格式的文件，当遇到有人发来以上格式的文件时请直接拒绝即可。

（4）在使用即时通信工具的时候，不要随意接收好友发来的文件，避免病毒从即时聊天工具传播进来。

4. 蠕虫类预防措施

（1）建议用户在打开邮件附件或链接前，首先确定邮件来源，并确认文件后缀名是否正确，以免被虚假后缀欺骗。

（2）设置网络共享账号及密码时，尽量不要使用空密码和常见字符串，如guest、user、administrator 等。密码最好超过 8 位，尽量复杂化。

（3）在运行通过网络共享下载的软件程序之前，建议先进行病毒查杀，以免导致中毒。

（4）接收到不明来历的邮件时，请不要随意打开其中给出的链接以及附件，以免中毒。

（5）在打开通过局域网共享及共享软件下载的文件或软件程序之前，建议先进行病毒查杀，以免导致中毒。

（6）利用 Windows Update 功能打全系统补丁，避免病毒以网页木马的方式入侵到系统中。

（7）禁用系统的自动播放功能，防止病毒从 U 盘、移动硬盘、MP3 等移动存储设备进入到计算机。

禁用 Windows 系统的自动播放功能的方法是：在运行中输入 gpedit. msc 后回车，打开组策略编辑器，依次点击：计算机配置－管理模板－系统－关闭自动播放－已启用－所有驱动器－确定。

5. 网页木马病毒的预防措施

（1）利用 Windows Update 功能打全系统补丁，避免病毒以网页木马的方式入侵到系统中。

（2）将应用软件升级到最新版本，其中包括各种 IM 即时通信工具、下载工具、播放器软件、搜索工具条等；更不要登录来历不明的网站，避免病毒利用其他应用软件漏洞进行木马病毒传播。

（3）当有未知插件提示是否安装时，请首先确定其来源。

6. 利用 U 盘进行传播的病毒的预防措施

（1）在使用移动介质（如：U 盘、移动硬盘等）之前，建议先进行病毒查杀。

（2）禁用系统的自动播放功能，防止病毒从 U 盘、移动硬盘、MP3 等移动存储设备进入到计算机。

（3）尽量不要使用双击打开 U 盘，而是选择右键→打开。

（4）最好的方法是使用具有写保护的 U 盘，插入其他电脑时，加上写保护，防止一切病毒的侵犯。

7. 网上银行、在线交易的预防措施

（1）在登录电子银行实施网上查询交易时，尽量选择安全性相对较高的 USB 证书认证方式。不要在公共场所，如网吧，登录网上银行等一些金融机构的网站，防止重要信息被盗。

（2）网上购物时也要选择注册时间相对较长、信用度较高的店铺。

（3）不要随便点击不安全陌生网站；如果遇到银行系统升级要求更改用户密码或输入用户密码等要求，一定要提前确认。如果用户计算机不幸感染了病毒，除了用相应的措施查杀病毒外，也要及时和银行联系，冻结账户，并向公安机关报案，把损失减少到最低。

（4）在登录一些金融机构，如银行、证券类的网站时，应直接输入其域名，不要通过其他网站提供的链接进入，因为这些链接可能将导入虚假的银行网站。

如果我们在上网的过程中能够记住这些防范措施，一般是不会受到病毒侵扰的。

11.1.4 常用杀毒软件推荐

国产杀毒软件常见的有 360 杀毒、瑞星、金山毒霸（根据市场份额排名），占据了国内约 80% 的市场份额。3 款杀毒软件均各有特点。其中反响最好的是 360 杀毒。杀毒能力比另外两款有较大优势，而且很轻巧，免费，适合普通用户使用。

注意安装杀毒软件后还应该安装安全辅助软件，如 360 杀毒搭配 360 安全卫士，金山毒霸搭配金山网盾等。没有防火墙的还应安装防火墙。

国外的杀毒软件在中国最常用的有卡巴斯基、诺顿、east nod32、小红伞，都是很成熟的杀毒软件。卡巴斯基杀毒和防御都很不错，是用户使用最多的。诺顿功能全面。east nod32 则比较小巧，适合笔记本用户。小红伞杀毒能力很强悍，并且还有免费版本。

下面对国内常见的 3 种杀毒软件进行介绍。

1. 瑞星杀毒软件

瑞星杀毒软件（Rising Antivirus）（简称 RAV）采用获得欧盟及中国专利的 6 项核心技术形成全新软件内核代码；具有八大绝技和多种应用特性；是目前国内外同类产品中最具实用价值和安全保障的杀毒软件产品。

2011 年 3 月 18 日，国内最大的信息安全厂商瑞星公司宣布，从即日起其个人安全软件产品全面、永久免费——今后价格将不再成为阻碍广大用户使用顶级专业安全软件的障碍。免费产品包括：2011 年最新的瑞星全功能安全软件、瑞星杀毒软件、瑞星防火墙、瑞星账号保险柜、瑞星加密盘、软件精选、瑞星安全助手等所有个人软件产品。

瑞星监控是控制中心，能够全面监控电脑，如修改了注册表等监控中心都会提示。

瑞星防火墙能够对电脑上网进行保护,如病毒木马试图进入电脑的时候电脑会阻止;游戏或者迅雷等软件连接网络都要通过防火墙。

瑞星卡卡助手是保护 IE 即系统自带的上网浏览器的,保证 IE 不受木马和病毒的袭击,比如木马篡改了 IE,可以通过卡卡助手完成修复和删除木马病毒。

瑞星杀毒软件的优点是:采用内存杀毒技术,主动防御强,脱壳能力强,对病毒查杀效果好。对木马查杀效果一般。

缺点:查杀病毒时内存占用量超大;对新的病毒查杀能力不够,网页防御力弱,网页监控如同虚设,网页脚本检测力度不够,对恶意软件,及插件检测更是不行,所以用瑞星的人都要使用卡卡助手,这才弥补了瑞星的缺点。但卡卡有的时候根本不好使。另外,瑞星升级病毒库的时间太长。因此现在瑞星的用户越来越少。

2. 金山毒霸

金山毒霸(Kingsoft Antivirus)是金山网络旗下研发的云安全智扫反病毒软件,融合了启发式搜索、代码分析、虚拟机查毒等经业界证明成熟可靠的反病毒技术,使其在查杀病毒种类、查杀病毒速度、未知病毒防治等多方面达到世界先进水平,同时金山毒霸具有病毒防火墙实时监控、压缩文件查毒、查杀电子邮件病毒等多项先进的功能。从 2010 年 11 月 10 日 15 点 30 分起,金山毒霸(个人简体中文版)的杀毒功能和升级服务永久免费。目前新毒霸(悟空)是最新版本的金山毒霸。

金山毒霸的功能主要有:查杀病毒、实时防护、防火墙、网购保镖和百宝箱。能够查杀制定驱动器的病毒,对未知文件进行查杀,同时还可以对我们安装的软件进行检测,以及对连接到电脑上 U 盘进行查杀;可以实时对一些应用程序进行防护,比如上网、聊天、上下载等;防火墙可以快速检测系统安全,发现系统中容易被黑客利用的"后门",还可以进行程序联网拦截,以保护我们的计算机;网购保镖可以对我们的计算机在进行网购时实时保护,可以拦截一些欺诈网购网、支付页面被篡改等,方便我们安全放心地网购。在百宝箱可以下载更多安全的软件工具,如安全防护、系统优化、网络优化等。

金山毒霸的优缺点和瑞星的优缺点十分类似,虽然提供了强大的查杀功能,但是占用内存大,升级慢,查杀病毒不是那么理想,有时只能查杀文件所带的病毒,并不能从电脑上彻底清除病毒。

3. 360 杀毒

360 杀毒是 360 安全中心出品的一款免费的云安全杀毒软件。360 杀毒具有以下优点:查杀率高、资源占用少、升级迅速等。同时,360 杀毒可以与其他杀毒软件共存,是一个理想的杀毒备选方案。360 杀毒是一款一次性通过 VB100 认证的国产杀毒软件。

360 杀毒软件有很多独特的特点:

（1）全面防御 U 盘病毒。彻底剿灭各种借助 U 盘传播的病毒，第一时间阻止病毒从 U 盘运行，切断病毒传播链。

（2）领先五引擎，强力杀毒。国际领先的云查杀引擎＋QVM 人工智能引擎＋常规反病毒引擎＋系统修复引＋BitDefender 常规查杀引擎或 Avira（小红伞）常规查杀引擎，强力杀毒，全面保护您的电脑安全。

（3）第一时间阻止最新病毒。360 杀毒具有领先的启发式分析技术，能第一时间拦截新出现的病毒。

（4）独有可信程序数据库，防止误杀。依托 360 安全中心的可信程序数据库，实时校验，360 杀毒的误杀率极低。

（5）轻巧快速不卡机，游戏无打扰。轻巧快速，在上网本上也能运行如飞，独有免打扰模式让您玩游戏时绝无打扰。

（6）精准修复各类系统问题。电脑门诊为您精准修复各类电脑问题，如桌面恶意图标、浏览器主页被篡改等。

（7）快速升级及时获得最新防护能力。每日多次升级，让您及时获得最新病毒库及病毒防护能力。

（8）完全免费。再也不用为收费烦恼，完全摆脱激活码的束缚。

（9）界面清爽易懂。界面清爽，没有复杂文字，无论哪种用户都完全适用。

（10）DIY 换肤功能。摆脱单调，可以自己制作想要的皮肤，让你的 360 杀毒与众不同。

360 杀毒软件非常适合那些对杀毒一窍不通的用户，安装 360 杀毒软件有 3 个好处：方便、安全和永久免费。360 下载很快，安装很简单。360 的优点主要是杀毒快，不用常规病毒库方法杀毒，效率高，能力强，体积小。

所以，本文推荐老年人上网，就安装一个 360 杀毒软件和 360 安全卫士相结合就可以，对于电脑上防护、监控和查杀，已经足够了。而且这个软件小巧，占用很少内存，杀毒时间短，速度快，不像其他杀毒软件，杀毒的时候，电脑干什么都慢得不得了。

11.2　系统安全设置

11.2.1　IE 浏览器安全设置

1. 临时文件和历史记录

IE 在上网的过程中会在系统盘内自动地把浏览过的图片、动画、文本等数据信息保留在系统 C:\Documents and Settings\work hard\Local Settings\Temporary \Internet Files 内。方法是在打开 IE9.0，打开"Internet 选项"，如图 11-1 所示。

图 11-1　打开"Internet 选项"

　　在"Internet 选项"界面中打开"常规"面板,单击浏览历史记录栏中的"设置",选择"移动文件夹"的命令按钮并设定 C 盘以外的路径,然后再依据自己硬盘空间的大小来设定临时文件夹的容量大小(50M),还可以设置网页保存在历史记录中的天数,如图 11-2、图 11-3 所示。

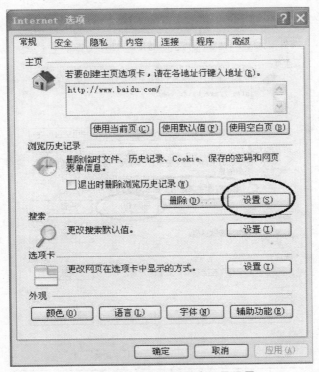

图 11-2　Internet 选项历史记录设置

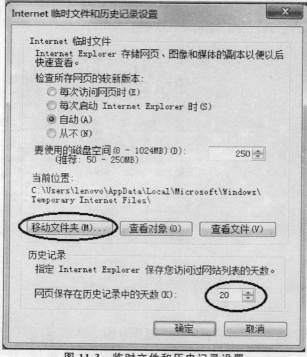

图 11-3　临时文件和历史记录设置

　　临时文件和历史记录在电脑中会占用很大的空间，因此需要定期删除，如图 11-4 所示。

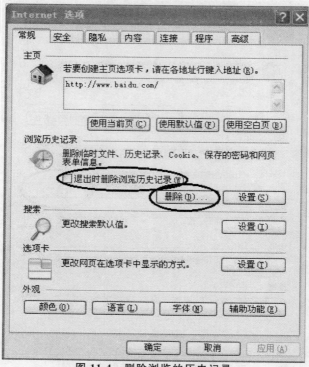

图 11-4　删除浏览的历史记录

2. 自动完成

在 IE 工作状态打开"Internet 选项",打开"内容"面板。单击"自动完成"栏中的设置,可以设置自动完成的功能范围:"web 地址","表单","表单上的用户名和密码"。还可通过"清除密码"和"清除表单"来去掉自动完成保留下的密码和相关权限。建议在网吧上网的朋友们一定要清除相关记录如图 11-5 所示。

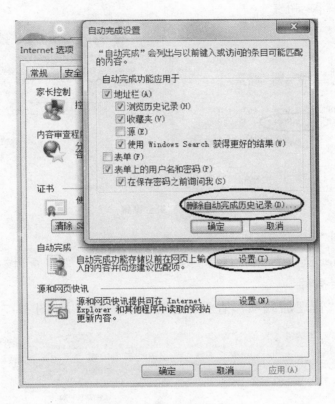

图 11-5　"自动完成"设置

3. 脚本设置

打开 IE 中的 "Internet 选项",单击"安全"→"Internet"→"自定义级别",然后进行相关的设置。在这里可以对"ActiveX 控件和插件"、"Java"、"脚本"、"下载"、"用户验证"等安全选项进行选择性设置,如"启用"、"禁用"或"提示",在一定程度上可以增加系统的安全程度,如图 11-6 所示。

4. cookies 陷阱

进入 IE 的"Internet 选项";在"隐私"标签中找到设置,然后通过滑杆来设置 cookies 的隐私设置,从高到低划分为:"阻止所有 Cookie"、"高"、"中高"、"中"、"低"、"接受所有 Cookie"6 个级别(默认级别为"中")。

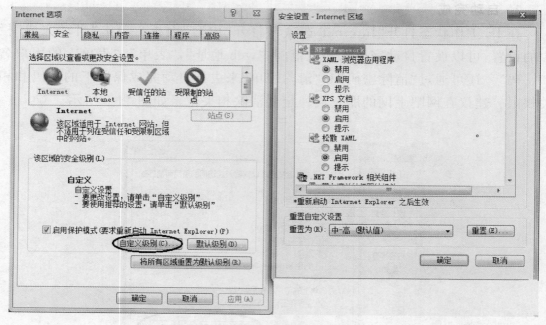

图 11-6　安全设置

5. 信息限制

进入"Internet 选项"，然后选择"内容"标签，将"分级审查"设为启用。

6. 禁用多余插件

选择工具栏"管理加载项"，查看你已经安装的插件，如图 11-7 所示。如果你

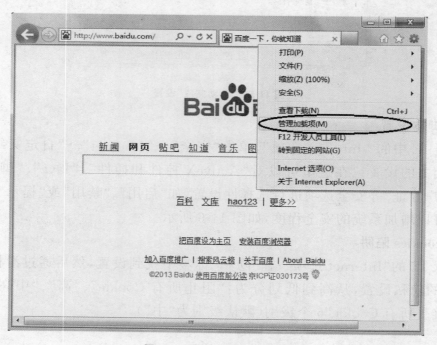

图 11-7　打开"管理加载项"

确认某个插件是你不再需要的,你可以单击它选择禁用选项。选择管理加载项窗口左侧的加速器选项,如果你不需要其中的一些工具,可以选择禁用或删除。选择管理加载项窗口左侧的搜索提供程序,移除你不想使用的搜索引擎,如图 11-8 所示。

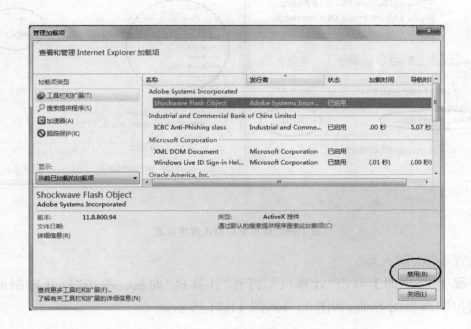

图 11-8　管理加载项面板

7. 打开弹出窗口阻止程序

一些弹窗会占用你的带宽,减慢你的浏览速度。打开"Internet 选项",单击"隐私"面板,在"启用弹出窗口阻止程序"前面的小方框中打勾,可以阻止弹出窗口。单击设置选项,检查允许显示弹窗的网站,移除所有不需要的网站名单,如图 11-9 所示。

11.2.2　Windows 防火墙设置

现在很多人都开始使用 win7 系统,win7 在安全性上已经有了很大的提高。Windows 的防火墙功能已经是越加臻于完善、今非昔比了,系统防火墙已经成为系统的一个不可或缺的部分,不再像 XP 那样防护功能简单、配置单一,所以无论是安装哪个第三方防火墙,Windows 7 自带的系统防火墙都不应该被关闭掉,反而应该学着使用和熟悉它,这对我们的系统信息保护将会大有裨益。

防火墙的作用是用来检查网络或 Internet 的交互信息,并根据一定的规则设置阻止或许可这些信息包通过,从而实现保护计算机的目的。在这里,主要介绍

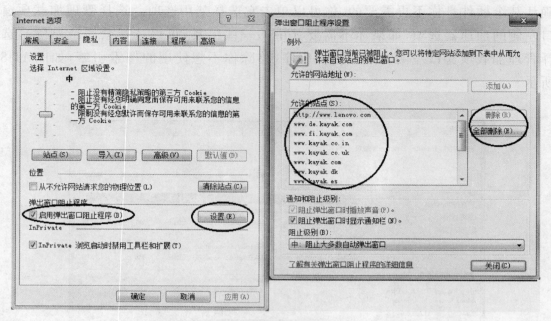

图 11-9 弹出窗口阻止程序设置

如何设置 win7 防火墙。

步骤 1：在桌面上双击"计算机"，打开"计算机"面板。单击"打开控制面板"，进入到控制面板的界面，如图 11-10、图 11-11 所示。

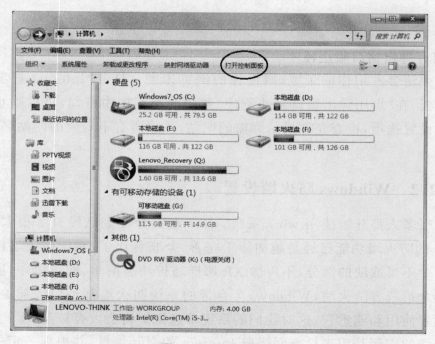

图 11-10 计算机面板

图 11-11　控制面板

步骤 2: 单击 Windows 防火墙,进入到 Windows 防火墙面板。如图 11-12 所示。启用的是工作网络,家庭网络和工作网络同属于私有网络,或者叫专用网络,还有个公用网络,实际上 Windows 7 已经支持对不同网络类型进行独立配置,而不会互相影响,这是 Windows 7 的一个改进点。除了右侧是两个帮助连接,全部设置都在左侧,如果需要设置网络连接,可以单击左侧下面的网络和共享中心。

图 11-12　Windows 防火墙设置

步骤 3：打开和关闭 Windows 防火墙，如图 11-13、11-14 所示。私有网络和公用网络的配置是完全分开的，在启用 Windows 防火墙里还有两个选项。

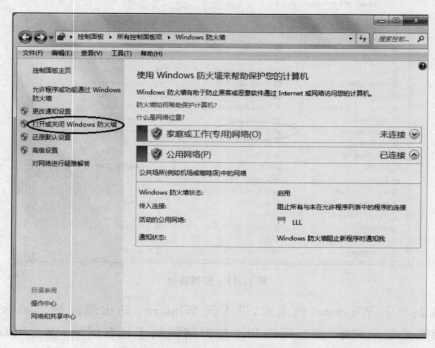

图 11-13　打开或关闭 Windows 防火墙

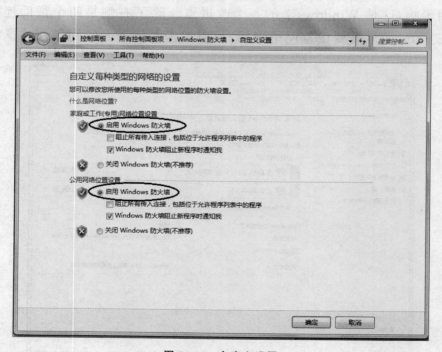

图 11-14　自定义设置

①"阻止所有传入连接,包括位于允许程序列表中的程序"这个默认即可,否则可能会影响允许程序列表里的一些程序使用。

②"Windows 防火墙阻止新程序时通知我"这一项对于个人日常使用肯定是需要选中的,方便自己随时做出判断响应。

如果需要关闭,只需要选择对应网络类型里的"关闭 Windows 防火墙(不推荐)"这一项,然后单击确定即可。

步骤 4:如果自己的防火墙配置得有点混乱,可以使用"还原默认设置",如图 11-15 所示。还原时,Windows 7 会删除所有的网络防火墙配置项目,恢复到初始状态,比如,如果关闭了防火墙,则会自动开启;如果设置了允许程序列表,则会全部删除掉添加的规则。

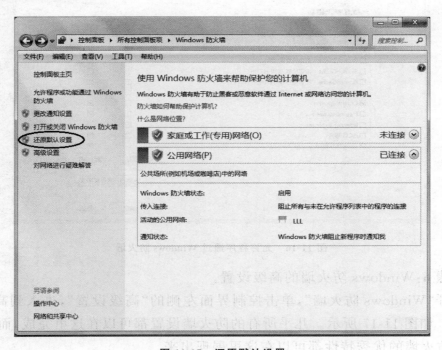

图 11-15 还原默认设置

步骤 5:允许程序规则配置。单击图 11-14 左侧的"允许程序或功能通过 Windows 防火墙",设置允许程序列表或基本服务,如图 11-16 所示。

在第一次设置时需要点一下右侧的"更改设置"按钮后才可操作(要管理员权限)。如果需要了解某个功能的具体内容,可以在点选该项之后,单击下面的"详细信息"即可查看。

如果是添加自己的应用程序许可规则,可以通过下面的"允许运行另一程序"按钮,点击以后可以打开"添加程序"面板,选择将要添加的程序名称(如果列表里没有就点击【浏览】按钮找到该应用程序,再点击"打开"),下面的网络位置类型还是私有网络和公用网络两个选项，不用管，我们可以回到上一界面再设置修改，添加。

添加后如果需要删除（比如原程序已经卸载了等），则只需要在点选对应的程序项时，再单击下面的【删除】按钮即可，当然系统的服务项目是无法删除的，只能禁用。

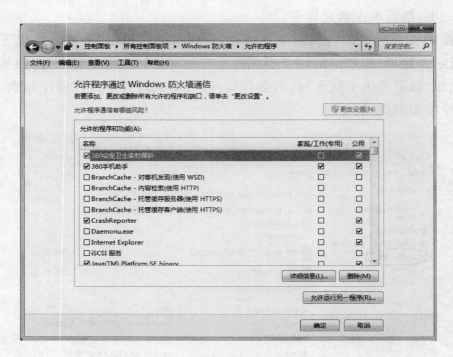

图 11-16 允许程序通过 Windows 防火墙

步骤 6：Windows 防火墙的高级设置。

打开"Windows 防火墙"，单击控制界面左侧的"高级设置"，进入到高级设置的界面。如图 11-17 所示。几乎所有的防火墙设置都可以在这里完成，而且 Windows7 防火墙的优秀特性都可以在这里展现出来。

①操作。在右侧的操作栏目中导入和导出策略是用来通过策略文件（*.wfw）进行配置保存或共享部署之用，导出功能既可以作为当前设置的备份也可以共享给其他计算机进行批量部署之用。

还原默认策略将会重置自动安装 Windows 之后对 Windows 防火墙所做的所有更改，还原后有可能会导致某些程序停止运行。

诊断/修复则可以对网络和 Internet 上的疑难问题进行诊断及修复。

②属性设置。右侧最下面的"属性"是显示高级安全设置防火墙属性的，单击以后打开"Windows 防火墙属性"界面，如图 11-18 所示。

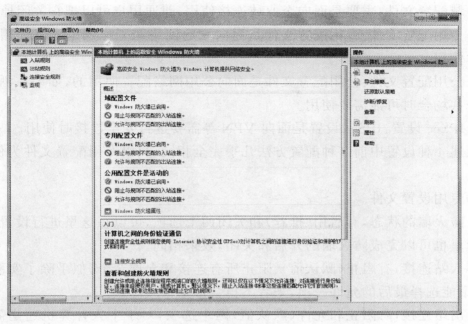

图 11-17 高级设置界面

图 11-18 Windows 防火墙属性界面

防火墙属性设置里,总体分成 4 大块,这 4 种配置类型都是独立配置独立生效的。

• 域配置文件：主要是面向企业域连接使用，普通用户可以把它关闭掉。

• 专用配置文件：专用配置文件是面向家庭网络和工作网络配置使用的，大家最常使用。

• 公用配置文件：公用配置文件是面向公用网络配置使用的，如果在酒店、机场等公共场合时可能需要使用。

• IPSec 设置：IPSec 设置是面向 VPN 等需要进行安全连接时使用。

上述 4 种设置中前 3 种配置方法几乎完全相同，只以专用配置文件为例进行介绍。

③专用设置文件。

• 防火墙的状态，有启用（推荐）和关闭两个选项，可以在这里进行设置，在常规配置里也可以完成防火墙的开启和关闭，效果相同。

• 入站连接，有阻止（默认值）、阻止所有连接和允许 3 个，似乎除了实验用机外，都不能选择最后的允许一项，来者不拒会带来很大麻烦。

• 出站连接，有阻止和允许（默认值）两个选项，对于个人计算机还是需要访问网络的就选择默认值即可。

在指定控制 Windows 防火墙行为的设置，如图 11-19 所示。

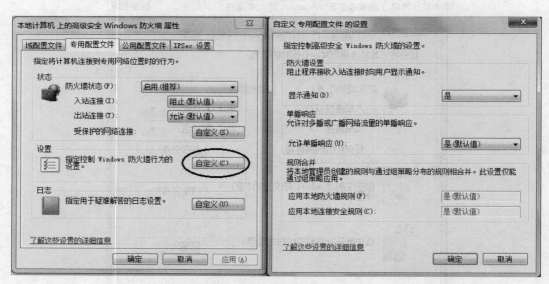

图 11-19　专用配置文件

第一个设置可以使 Windows 防火墙在某个程序被阻止接收入站连接时通知用户，注意这里只对没有设置阻止或允许规格的程序才有效，如果已经设置了阻止，则 Windows 防火墙不会发出通知。下面的设置意思是许可对多播或广播网络流量的单播响应，所指的多播或广播都是本机发出的，接收客户机进行单播响应，默认设置即可。

在 Windows7 防火墙的高级设置中,还有很多比较专业的设置,一般普通用户是不会主动去设置的,因此在此不再介绍。

11.3　使用 360 超强查杀套装

360 超强查杀套装是 360 杀毒和 360 安全卫士的组合版本,是安全上网的"黄金组合"。不仅能利用 360 云查杀引擎杀掉网上新出现的未知木马,还具备 360 杀毒完整的病毒防护体系,达到双剑合璧、双重保险。360 套装是强强联手,确保最强的木马、病毒和恶意软件的检出率;能够强力清除,放心查杀不死机;具有全面的防御体系和防护能力;最重要的是永久免费,无激活码。

11.3.1　下载与安装 360 安全卫士和 360 杀毒

360 安全卫士和 360 杀毒的下载非常地简单,只要在 IE 的地址栏中输入 www.360.cn 进入 360 安全中心,在这里,用户可以在电脑软件中找到 360 安全卫士和 360 杀毒,如图 11-20 所示。

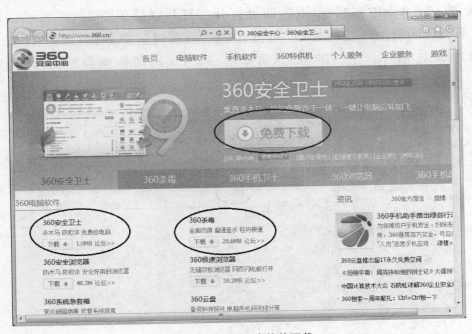

图 11-20　360 杀毒软件下载

单击【下载】按钮就可以直接下载了,使用迅雷或者直接保存到硬盘上都可以,下载完成以后,运行下载的安装程序点击【下一步】,请阅读许可协议,一定要单击【我接受】,然后再单击下一步,如果您不同意许可协议,请单击【取消】退出安装。当选择将 360 杀毒安装到哪个目录下时,建议您按照默认设置即可。也可以点击【浏览】按钮选择安装目录。然后单击【下一步】时,就可以看到一个窗口,输入想在开始菜单显示的程序组名称,然后单击【安装】,安装程序就开始复制文件了,文件复制完成后,会显示安装完成窗口,单击【完成】,安装就结束了。安装完成以后就可以使用了。

如果想卸载软件,直接在 Windows 的开始菜单中单击【开始】-【程序】-【360杀毒】,单击【卸载 360 杀毒】菜单项就可以卸载了。卸载完成以后,需要重启系统,此时需要注意请保存当前正在编辑的文档、游戏等,单击【完成】按钮重启系统,360 杀毒卸载完成。

11.3.2　360 杀毒

360 杀毒具有实时病毒防护和手动扫描功能,为您的系统提供全面的安全防护。下面分别进行介绍。

1. 实时病毒防护

实时防护功能在文件被访问时,对文件进行扫描,即时拦截活动的病毒。在发现病毒时会通过提示窗口通知您。安装了 360 杀毒以后,在右下角的任务栏中就会发现 360 杀毒的图标，双击即可打开。打开以后如图 11-21 所示。单击图 11-21 椭圆所圈处的下拉标志,即可打开 360 的实时防护界面,如图 11-22 所示。在图 11-22 中,有一个上拉的标志,再单击一下,实时防护就会缩回,回到杀毒的界面。

图 11-21　打开 360 实时防护

在实时防护界面中,主要能够进行实时防护、主动防御和病毒免疫 3 个方面

图 11-22　360 实时防护界面

的设置。在实时防护中,可以进行文件系统防护、U 盘安全防护,可以直接单击后面的滑动块,向左拉,即是"已开启";向右拉,是"未开启",在此建议全部开启。实时防护开启以后,360 杀毒就可以进行防护了,如果拦截到危险,在下面的未知的活动文件和已拦截的病毒威胁处可以显示数目。

在主动防御中,可以开启木马防火墙、安全保镖和主页锁定,也可以在下面显示已拦截的恶意网站和拦截的下载文件。病毒防疫可以开启动态链接库劫持免疫、流行木马免疫和 office 宏病毒免疫等。也可以显示已免疫的威胁行为。对360 的实时防护进行设置以后,360 杀毒就可以实时监控系统的各种威胁,实时对系统进行保护,不断检测活跃文件,使系统免疫。

2. 病毒查杀

360 杀毒提供了 4 种手动病毒扫描方式:快速扫描、全盘扫描、指定位置扫描和右键扫描。快速扫描是扫描 Windows 系统目录及 Program Files 目录;全盘扫描是扫描所有磁盘;指定位置扫描您指定的目录;右键扫描是当您在任一个文件或者文件夹上点击鼠标右键时,可以选择"360 杀毒扫描",对选中文件或者文件夹进行扫描。前 3 种扫描都已经在 360 杀毒主界面中作为快捷任务列出,只需点击相关任务就可以开始扫描了。如图 11-23 所示。

下面以"快速扫描"为例介绍扫描杀毒的过程,其他几种方式类似。单击【快速扫描】按钮,扫描就开始了,如图 11-24 所示。

扫面开始以后,在界面的最上面显示扫描的文件和扫描进度条,在进度条的下面显示供扫描的对象数目,发现威胁数目和已用时间,进度条的右边有【暂停】

图 11-23　360 病毒查杀界面

图 11-24　扫描病毒界面

和【停止】两个按钮。中间是进行扫描的内容,有系统设置、常用软件、内存活跃程序、开机启动项和系统关键位置几项,如果全部显示安全,则电脑是安全的。如果想要在扫描完成以后关机,可以单击最下方的"扫描完成后自动处理威胁并关机"前面的小方框,即可实现扫描完后自动关机。

　　全盘扫描也是这样一个过程,指定位置扫描是可以选择需要扫描的位置,然后再进行扫描。

3. 其他功能

360 杀毒还提供了很多其他的功能，下面进行简单介绍，如图 11-25 所示。

图 11-25 其他功能

360 杀毒提供了多种引擎保护，如图 11-25 左边椭圆处。第一个是"360 云查杀引擎已开启"。360 云查杀引擎是 360 新推出的一款能与 360 云安全数据中心协同工作的新一代安全引擎。不仅扫描速度比传统杀毒引擎快 10 倍以上，而且不再需要频繁升级木马库。第二个是"系统修复引擎开启"，可以进行系统修复；第三个是"QVM II 人工智能引擎已开启"，这是 360 完全自主研发的第三代引擎，它采用人工智能算法，具备"自学习、自进化"能力，无须频繁升级特征库就能免疫 90％以上的加壳和变种病毒，不但查杀能力遥遥领先，而且从根本上攻克了前两代杀毒引擎"不升级病毒库就杀不了新病毒"的技术难题，在全球范围内属于首创。第四个是"小红伞引擎已开启"，小红伞本地引擎是 360 购买德国小红伞的杀毒引擎内置到 360 安全卫士里的，为了增强对病毒的查杀效果。第五个是"BitDefender 引擎已开启"，BitDefender 是老牌的杀毒软件，具有功能强大的发病毒引擎以及互联网的过滤技术，能够对系统提供即时的保护。所有这些引擎都开启以后，可以最大限度地达到对系统的监控和保护。

在图 11-25 中，右边的椭圆里也是 360 杀毒提供的一些其他功能。第一个是"宏病毒查杀"，宏病毒是一种寄存在文档或模板的宏中的病毒，Office 文档一旦感染宏病毒，轻则辛苦编辑的文档全部报废，重则私密文档被病毒窃取，所以宏病毒查杀是专门来查杀宏病毒的，以保护 Office 文档不被破坏。第二个功能是"电脑专家"，单击【电脑专家】按钮可以进入到电脑专家的页面，如图 11-26 所示。

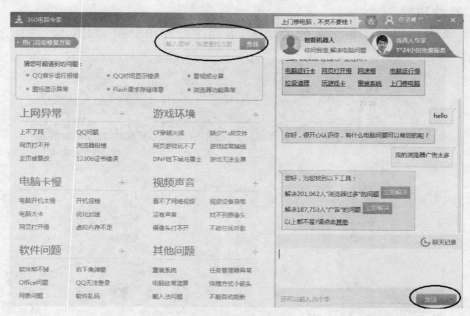

图 11-26　电脑专家界面

　　在电脑专家界面上，在左侧列出了各种电脑可能会遇到的问题，单击链接就可以找到解决方法。在左侧的最上面还提供了搜索，在输入栏中输入问题，单击【查找】，就可以找到问题的相应解答。右侧能够实现和电脑专家实时对话，在最下面的输入框中输入想要问的问题，单击【发送】，就会在上面的输入框中实时显示，能够实时地得到回答，及时地解决问题。

　　第三个功能是"广告拦截"，可以对弹窗广告进行拦截。当然最好的拦截方法是安装 360 浏览器，能够达到最好的拦截效果。另外，第四个是"更多工具"，提供了系统安全、系统优化和其他工具等多种功能，都能通过单击直接使用。

11. 3. 3　360 安全卫士

　　360 安全卫士是和 360 杀毒配合使用的，可以达到最好的效果。在 360 安全卫士中，有很多独特的功能，下面一一进行介绍。

1. 木马查杀

　　前面已经讲过，木马病毒对电脑的危害非常大，会窃取电脑中重要信息，对用户造成很大的危害。因此，木马的查杀是非常重要的。360 安全卫士就专门有一个模块是专门用来进行木马查杀的，如图 11-27 所示。

　　单击 360 安全卫士的【木马查杀】按钮，可以直接进入到木马查杀的界面。同样提供了 3 种方式：快速扫描、全盘扫描和自定义扫描。无论采用哪种方式扫描，都只是进行木马的查杀，而不是全面的杀毒。单击【快速扫描】以后，可以直接进

图 11-27　木马查杀界面

入到查杀页面,进度条显示查杀的进度,直到查杀完毕。如果有木马被查了出来,会显示是否清除,单击【清除】,就可以把病毒清除掉了。

2. 系统修复

电脑在使用过程中会出现一些异常,电脑中的系统或者软件或多或少都会有一些漏洞或缺陷,补丁就是对这些漏洞和缺陷进行补救的程序,要经常查看是否有新的补丁,及时更新。这些都需要对电脑的系统进行修复。

在 360 安全卫士中,提供了全面的系统修复的功能。单击【系统修复】按钮,就可以进入到"系统修复"页面。系统修复提供了两种方式:常规修复和漏洞修复。常规修复是对电脑系统进行全面的扫描,查找需要修复的内容;漏洞修复主要用来寻找各个软件的漏洞来进行修复的过程,如图 11-28 所示。

在系统修复界面中,点击【常规修复】,就可以进入到常规修复界面,如图11-29所示。

在扫描结束以后,在界面上会显示共发现可选修复项目的数目,用户可以根据需要决定是否修复。这些项目在列表中共分为 4 部分:项目、类别、修复建议和操作。在项目列中,每一个项目都清晰地说明了存在的价值大小,类别表明此项目所属类别,一般为插件居多。修复建议一般为可以修复,而操作中提示可以"直接删除",如果根据需要,这个插件没有存在的必要,就可以直接单击【直接删除】,显示"已直接删除",这个插件就被删除了。如第一个插件"Google 工具栏",平时使用很少,没有价值,就可以直接删除了。

图 11-28　系统修复界面

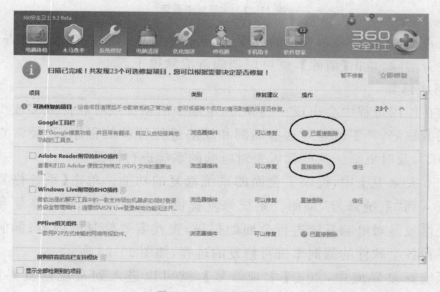

图 11-29　常规修复界面

在系统修复界面中,点击漏洞修复,就可以进入到漏洞修复界面。如图 11-30 所示。在漏洞修复界面中,可以显示搜索到的系统的漏洞,单击【立即修复】按钮, 就可以修复系统的漏洞了。在本电脑中,不存在任何需立即修复的高危漏洞,说明系统很安全。

3. 电脑清理

电脑使用时间久了,就要定期进行清理,如清理电脑里的 cookie、垃圾、痕迹、 恶意插件等,这些操作可以节省电脑的空间,使系统运行起来效率更高。所以在

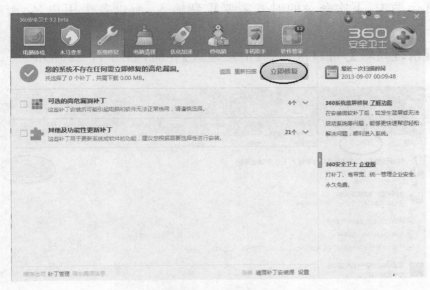

图 11-30　漏洞修复界面

"电脑清理"中，提供了 5 种功能：一键清理、清理垃圾、清理软件、清理插件和清理痕迹，如图 11-31 所示。

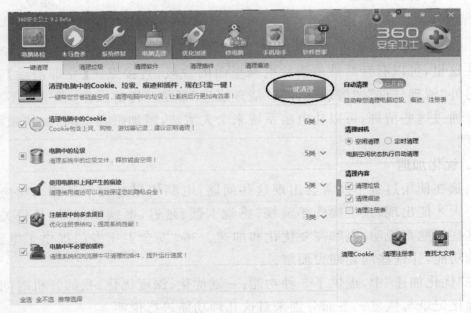

图 11-31　一键清理界面

在一键清理界面中，能够全面地对电脑里的 cookie、垃圾等进行清理，当显示出电脑中的所有 cookie、垃圾、痕迹、多余项目等时，不要客气，把前面的小方框里都打上对勾，就可以把电脑彻底地进行清理，选择完成以后，直接单击【一键清理】按钮就可以了。需要注意及时地清理了 cookie 以后，以前上过的网站保留的用户名、密码都会消失，下次登录的时候需要重新输入，所以各个用户名、密码一定要记清楚。

　　单击【清理垃圾】，可以进入到【清理垃圾】界面，如图 11-32 所示。

图 11-32　【清理垃圾】界面

　　在这里，可以有针对性地清除电脑里面的垃圾，直接点击【立即清除】就可以了。另外"清理软件"、"清理插件"、"清理痕迹"都是一样的操作，在这里不再一一叙述。通过这些清理，可以让电脑系统来个大清洁，增加磁盘空间，加快系统的运行速度。

4. 优化加速

　　电脑在使用过程中经常会出现这些问题：电脑使用过程中经常无响应；打开软件半天才能出现；系统操作不流畅，感觉卡顿、延迟，电脑运行慢，开机关机慢。种种这些问题都说明，电脑需要优化和加速。360 安全卫士专门提供了电脑优化加速的功能，让这些问题迎刃而解。

　　在"优化加速"中，提供了 5 种功能：一键优化、深度优化、我的开机时间、启动项和优化记录与恢复。下面分别来对这几种功能进行说明。

　　（1）一键优化。一键优化可以搜索到系统需要优化的项目来进行优化。想对那些项目进行优化，在前面小方框里打对勾，直接单击【立即优化】就可以了，如图 11-33 所示。

　　（2）深度优化。深度优化可以通过优化硬盘传输效率、整理磁盘碎片等方法，

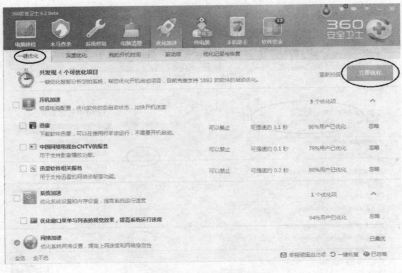

图 11-33　一键优化界面

让电脑快如闪电。首先点击【开始扫描】,然后扫描结束,有优化项进行优化就可以了,如图 11-34 所示。

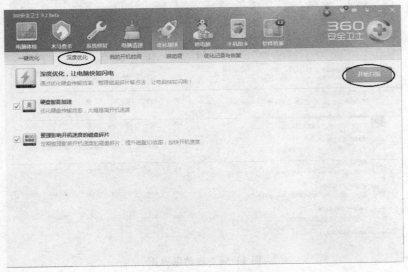

图 11-34　深度优化界面

（3）我的开机时间。"我的开机时间"可以显示开机时启动的程序,以及开机的速度。如果想提高开机速度,可以直接对开机时启动的程序进行禁止,减少开机时的启动程序,这样开机速度自然就加快了,如图 11-35 所示。

（4）启动项。许多程序的自启动,运用很方便,这是不争的事实,但并不是每个自启动的程序都有用。更甚者,也许有病毒或木马在自启动行列,这时候就需要对启动项进行清理;如果不想启动的启动项,就要进行禁止,如图 11-36 所示。

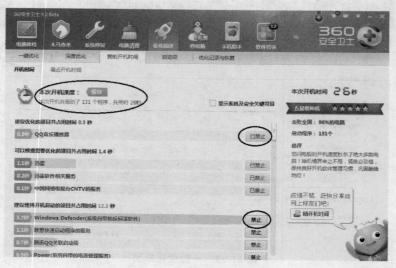

图 11-35　我的开机时间界面

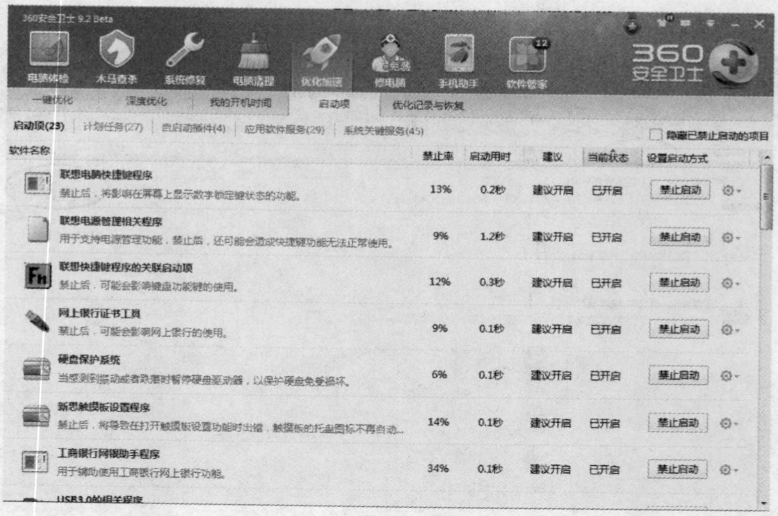

图 11-36　启动项界面

在启动项界面上,分为这样几类:启动项、计划任务、自启动插件、应用软件服务和系统关键服务,这些内容都可以手动地禁止启动,但是在禁止启动以前,一定要看一下建议,如果是建议开启的,最好不要禁止,以免发生异常错误。

(5)优化记录与恢复。优化记录与恢复功能其实很重要,在进行优化的过程中,不可避免可能会出现误操作,如果误优化的项目想恢复怎么办呢,直接使用这个功能就可以了。单击【恢复启动】,就可以恢复误优化的项目了,如图 11-37所示。

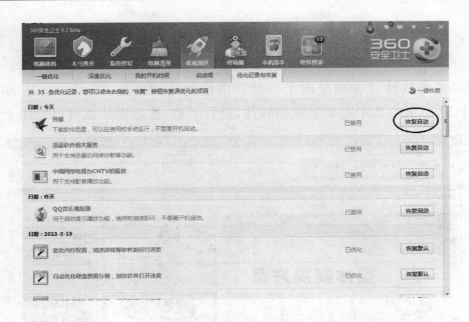

图 11-37　优化记录和恢复界面

5. 电脑体检

每个人都需要定期体检,掌握健康状况,电脑也不例外。360 安全卫士的"电脑体检"是目前中国网民电脑安全状况的标尺,近 80％电脑用户通过这项功能来查看和修复电脑的安全风险。更方便的是,"电脑体检"增强了"一键修复"的能力,如果发现问题,点一下按钮就能够一次性解决,不用再"内科"、"外科"分头跑,大大简化了用户的操作,如图 11-38 所示。

图 11-38　电脑体检界面

11.4　使用瑞星杀毒软件

瑞星杀毒软件可在瑞星网上下载。瑞星网的网址是：www. rising. com. cn，如图 11-39 所示。选中需要下载的软件，进行下载，然后安装就可以使用了。

图 11-39　瑞星网

11.4.1　查杀电脑病毒

1. 病毒查杀

安装了瑞星杀毒软件，就可以进行杀毒。瑞星杀毒软件同样采取了 3 种查杀病毒的方式：全盘查杀、快速查杀和自定义查杀。无论进行哪种方式的查杀，都能够把电脑中的病毒检查出来，并进行清除，如图 11-40 所示。

在病毒查杀界面，中间大的圆形是【快速查杀】按钮，左边是【全盘查杀】按钮，右边是【自定义查杀】按钮，想进行哪种方式的查杀，直接单击相应的按钮即可。在按钮下面，有一个变频杀毒已开启，变频杀毒能够根据系统资源的占用情况自动智能调节内存大小，非常人性化，有利于运行速度。云查杀已开启是对系统进行云查杀。云查杀的意思就是将病毒样本放入服务器，通过成千上百的服务器智能检测，自动判断文件是否带病毒，这被称为云端，也被称为云查杀。云查杀必须联网才有效。在左下角有两个选择项，一个是自动处理检测出的病毒，另一个是

图 11-40　病毒查杀界面

杀毒后自动关机，如果需要选择的话，直接在前面的小方框里面打对勾即可。

单击了【查杀】按钮以后，就会开始查杀，如图 11-41 所示。在这个界面内，显示查杀的进度条，显示查杀的每一个文件，可以暂停和停止，直到查杀完毕；可以显示查出的病毒，或者系统的威胁，可以进行相应的处理。

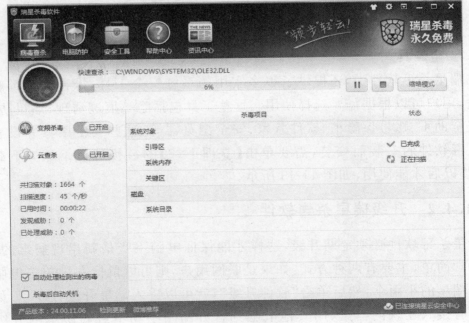

图 11-41　快速查杀界面

2. 电脑防护

瑞星杀毒软件还提供了电脑防护的功能，可以进行文件监控、内核加固、对 U 盘进行防护、对浏览器进行防护、对邮件进行监控、对办公软件进行防护、木马防御和网购防护等。这些防护措施可以通过手动进行开启和关闭，如果需要此功能，拖动滑动块往右，即显示"已开启"，则开启此功能；如果不需要这个功能，可以移动滑动块往左，即显示"已关闭"，则关闭此功能，如图 11-42 所示。

图 11-42　电脑防护界面

3. 安全工具

在瑞星杀毒软件中，还提供了很多实用的系统安全工具，每种工具都有独特的用途，用户可以根据需要选择使用。这些工具包括隐私痕迹清理、瑞星防火墙、瑞星安全助手、账号保险柜、软件管家、安全浏览器等，这些安全工具并没有随着瑞星杀毒软件的安装而安装，需要单击【立即下载】的链接进行下载。下载完毕后，安装以后才能使用，如图 11-43 所示。

11.4.2　升级瑞星杀毒软件

瑞星杀毒软件必须定期升级，这样才能保证电脑不受最新出现病毒的侵犯。升级非常简单，主要有两种方式：如果是联网用户，则可以鼠标右键单击电脑桌面右下角瑞星的小雨伞，然后单击"软件升级"，就可以进入瑞星升级程序了；如果该电脑没有接入互联网，可以用其他电脑到官方网站手动下载新版本的升级安装

图 11-43　安全工具界面

包,覆盖安装,即可完成升级。这时候需要注意,覆盖安装时,需设置安装目录跟本地瑞星软件的安装目录一致,这样才能成功升级,如图 11-44 所示。

图 11-44　右键列表

11.4.3　使用瑞星账号保险柜

瑞星账号保险柜利用主动防御技术自动屏蔽木马、病毒常用的多种恶意行为,包括注入 DLL、内存被篡改、注入代码、挂起、强制结束程序、键盘监听等。如果用户感觉不够安全,还可以选择更多的保护规则。软件受保护之后,瑞星就会通过主动防御体系实时监控所有不安全行为,自动加以屏蔽,用户的账号密码就相当于放入了保险柜,使那些试图窃取账号密码的木马、病毒、恶意软件等无可奈何。

　　瑞星账号保险柜在瑞星杀毒软件的安全工具中提供,用户只要在所有安全工具中找到瑞星账号保险柜,然后单击立即下载,就可以下载下来,安装,就可以使用了,如图 11-45 所示。

图 11-45　【账号保险柜】下载界面

　　瑞星账号保险柜的启动方式是这样的:

　　在桌面双击【账号保险柜】图标,即可进入瑞星账号保险柜的界面,如图 11-46、图 11-47 所示。

　　在这个界面中,显示的所有软件都是受保护的软件,可以单击右下角的【添加受保护的软件】来添加软件。分为两种方式:手动和自动。自动添加,可以自动扫描可执行文件进行保护;手动添加可以通过提供需要保护软件的路径,而手动地添加进行。一旦添加成功,软件会在"我的软件"里面显示。还可以直接从开始菜单、桌面等拖拽可执行文件到保险柜中,建议从保险柜中运行所需要的软件和网站,这样可以起到保护的作用。

　　另外,保险柜还提供了推荐列表,如图 11-48 所示。

　　在推荐列表中,推荐了很多的网络游戏、网上银行、聊天工具、下载软件和股

图 11-46　【账号保险柜】图标

图 11-47　瑞星账号保险柜

图 11-48　推荐列表界面

票证券,这些软件中,如果系统安装了则显示彩色,如果没有安装则显示灰色。可以选中任何一个软件,然后单击右下角的【添加到受保护列表】,则此软件受保险柜的保护。另外,保险柜还提供了安全资讯,用户可以随时了解关于安全方面的消息。